百变物语

美甲造型完全指南

摩天文传 / 编著

人民邮电出版社

北 京

图书在版编目（CIP）数据

百变物语. 美甲造型完全指南 / 摩天文传编著. --
北京：人民邮电出版社，2018.10
ISBN 978-7-115-48936-4

Ⅰ. ①百… Ⅱ. ①摩… Ⅲ. ①指（趾）甲—化妆—指南
Ⅳ. ①TS974

中国版本图书馆CIP数据核字(2018)第165856号

内 容 提 要

　　本书是专为零基础的初学者策划编写的美甲造型图书，书中通过对指甲结构、美甲工具以及基础护理的介绍，让读者能够对美甲基础操作有一定的了解。接着分别介绍了美甲入门图案、美甲进阶贴饰、美甲高阶艺术造型以及精致美甲的场合应用共4大类的美甲造型，以及美甲造型与服装的搭配技巧，其中涉及了近百个案例的详细步骤教学以及相关作品展示，非常值得初学者深入学习。

　　本书适合业余美甲爱好者或专业美甲师阅读。

◆ 编　　著　摩天文传
　　责任编辑　李天骄
　　责任印制　周昇亮

◆ 人民邮电出版社出版发行　　北京市丰台区成寿寺路 11 号
　　邮编　100164　　电子邮件　315@ptpress.com.cn
　　网址　http://www.ptpress.com.cn
　　北京缤索印刷有限公司印刷

◆ 开本：700×1000　1/16
　　印张：13.5　　　　　　　　　　2018 年 10 月第 1 版
　　字数：425 千字　　　　　　　2018 年 10 月北京第 1 次印刷

定价：59.00 元

读者服务热线：(010)81055296　印装质量热线：(010)81055316
反盗版热线：(010)81055315
广告经营许可证：京东工商广登字 20170147 号

前言

以丰富的内容满足各类人群

从美甲基础知识、进阶技巧到高级艺术，进阶式地提升美甲技能。本书丰富而全面的美甲知识，让不同美甲基础的人能根据自身的需求针对性地选择内容，逐步实现技术与美感的提升。不论是业余美甲爱好者还是专业美甲师，本书一定能让你获益匪浅。

大量的实战案例是制胜关键

本书邀请国内资深美甲师倾力打造走在时尚前沿的美甲案例，通过大量的原创实战案例，以高清步骤图结合对应文字进行详解，提供扎实的美甲基础知识并培养出创造性思维，全面开发美甲创意思路，激发对美甲的创作灵感，顺利达到目的。

为做出受欢迎的甲款指引方向

美甲所承载的时尚现象是不断更新的，做出受欢迎的甲款需要积极地去接受与潮流接轨的美甲资讯，每一种美甲的款式都有可能生成一种新的打造手法，不断提升手法技巧才能拓展创意甲款。本书已率先为你搜集到那些你最想知道的潮流美甲知识和技巧，而你只需要专心投入对美甲的专研中。

通过美甲搭配让造型感就此升级

本书内容不仅仅是局限在教你如何装饰甲面，还包括美甲在各种场合的应用，四季甲色与服装的搭配，利用美甲给整体造型带来的风格亮点等，将美甲与服饰穿搭等相关内容结合在一起，助你全面提升全身造型感。

CONTENTS
目录

Chapter 1　第一章
美甲前的手部护理

10	了解手部肌肤及指甲基本护理产品
12	美手的必备材料及工具
14	根据自己的肤色选指甲油
15	让甲面色彩持久鲜亮
16	美甲造型基本材料及工具
18	美甲的装饰材料
20	四种基本甲形的修整步骤分解
24	打造光泽甲面的抛光处理
25	彻底去除甲周角质死皮的技巧
26	零刺激去除指甲倒刺的方法
27	零失误的甲油基础上色方法
28	无残留卸除甲油的秘诀
29	常见美甲问题答疑

Chapter 2　第二章
美甲入门图案

32	湖蓝色描绘基础波点
33	简洁又浪漫的蝴蝶结
34	充满甜蜜的红色爱心
35	改变单调的活力星星
36	黑白色活泼奶牛纹
37	兼具经典和时尚的斑马纹
38	带有俏皮趣味的胡子
39	性感火辣的红唇
40	充满田园风的小雏菊
41	撞色系醒目条纹
42	清新色彩打造实用格纹
43	充满可爱气质的豹纹

44　具有俏皮感的曲线法式边

45　三色打造西班牙国旗

46　简单线条组成百搭十字纹

47　极具热带风情的火烈鸟图案

48　涂鸦式创意混色

49　充满青春气息的卡通帆布鞋

50　清新风的香甜樱桃

51　表达热情的潮流香蕉

52　四色蕾丝玩转名媛风

53　少女心爆棚的乖巧兔子

54　具有文艺气息的海魂衫

55　体现童趣的破壳鸡仔

56　活跃的零散圆点

57　表达浪漫情怀的心形

58　充满春天气息的花形

59　知性风简约细线

60　具有圣诞氛围的雪花

61　透露街头风的璀璨星形

62　拥有时尚感的英伦格纹

63　宣示张扬个性的豹纹

64　富有层次感的柔和水纹

65　清新优雅的法式边

66　营造梦幻氛围的甜美碎花

67　错落有致的清新色块

Chapter 3　第三章
美甲进阶贴饰画法

71　给人带来清爽感受的薄荷色美甲

72　突出指尖细腻立体度的蕾丝

73　整体提亮甲尖光泽度的水钻

75　极具少女感的粉红色美甲

76　增加甲面立体美感的夸张异形钻

77　拼凑热情民族风的细腻亮片

79　色块拼接打造波普风美甲

80　流露不羁个性的三角铆钉

81　为指尖带来趣味的海洋贝壳

83　缤纷色彩的美甲迸发清新活力

84　分割撞色的花样金属贴线

85　为甲面增添酷感装饰的金色铆钉

87　演绎万种风情的异域风美甲

88　排列出多种可能性的金属圆珠

89　让美甲图案更丰富的蝴蝶结贴花

91　诠释高贵的宝蓝色法式美甲

92　营造指尖奢华度的珍珠贴饰

93　打造浓郁罗马风的复古宝石

95　为气质加分的浆果色美甲

96　刚柔并济的心形铆钉

97　点亮美甲的星星贴饰

99　成为视觉焦点的豹纹图案美甲

100　增添神秘色彩的方形宝石

101　满足少女心的水果软陶

103　创造个性风尚的拉链图案美甲

104　让甲面具有活力的树脂点心饰品

105　古灵精怪的立体眼睛贴饰

Chapter 4　第四章

美甲高阶艺术造型画法

108　琉璃纹展现波西米亚风情

110　简约十字纹带来的都市风

112　印象派花朵弥漫春天气息

114　甜心水果派增加美好心情

116　勾边花朵体现女性柔情

118　同色系格纹平衡视觉美感

120　指尖花朵的色彩油画效果

122　充满水墨画意境的花朵图案

124　挥洒色彩打造清新感油画图案

126　人像简笔画主张复古主义

128　春日花朵图案增添幸福感

130　俏皮星星给予视觉冲击力

132　波浪曲线打造少女系甜美感

134　混搭元素兼具甜美和可爱

136　几何元素塑造优雅都市风

138　创意涂鸦任意发挥想象空间

140　色块分割带来高级美感

142　元素拼接合并多元风格

Chapter 5　第五章

精致美甲的场合应用

146　下午茶遇上清新法式美甲

148　烘托生日派对氛围的混搭元素美甲

150　周末踏青与热带雨林风美甲的邂逅

152　让海岛度假更休闲的字母元素美甲

154　突显约会甜蜜氛围的爆米花主题美甲

156　外出野餐搭配应景彩格田园风美甲

158　在聚会中彰显轻松休闲的彩色拼接
　　美甲

160　在面试应聘中留下好印象的简约波点美甲

162　融入棒球赛气氛的棒球元素美甲

164　参加婚礼用闪亮贴饰美甲见证好友爱情

166　在商务研讨会中体现稳重态度的柔和美甲

168　家庭聚餐能讨长辈喜欢的爱心法式美甲

170　英语角活动里彰显英伦气质的字母美甲

172　出席晚宴让气质更典雅的纯白系美甲

174　指甲油的主流色系

178　新派色系的运用方法及未来趋势

180　捕捉全球美甲趋势

182　春季的甲油选色法则

183　春季各种色系服装与甲色的搭配

186　夏季的甲油选色法则

187　夏季各种色系服装与甲色的搭配

190　秋季的甲油选色法则

191　秋季各种色系服装与甲色的搭配

194　冬季的甲油选色法则

195　冬季各种色系服装与甲色的搭配

Chapter 6　第六章

选对甲色为服装造型画龙点睛

200　白色甲油让艳色穿搭更纯粹

201　裸色甲油与纯净穿搭相融合

202　青灰色甲油为暗色穿搭沉淀质感

203　黑色甲油将红色穿搭创造个性

204　蓝色甲油为白色穿搭提高亮度

205　绿色甲油为彩色穿搭增添张力

206　红色甲油将黑色穿法衬托高贵

207　酒红色甲油令黑色穿搭提升优雅

208　粉色甲油为碎花穿搭注入少女活力

209　玫红色甲油让宝蓝色穿搭更抢眼

210　紫色甲油为冰淇淋色穿搭突显格调

211　黄色甲油令橘色穿搭更显活力

212　橘色甲油为白色穿搭增加活跃质感

213　咖啡色甲油加卡其色穿着衬托摩登感

214　金色甲油为黑色穿搭赋予高贵气质

215　银色甲油让白色穿搭展现个性

Chapter 1

第一章
美甲前的手部护理

　　美甲前的首要工作是对手部和甲面进行护理，熟知各种护手、护甲产品和工具，学会各种科学、健康的护理方法和技巧，不仅能够很好地保护手部肌肤和指甲，还能够保证美甲的美观性和持久度。

了解手部肌肤及指甲基本护理产品

　　手部也会暴露女人的年龄，所以别再忽略手部保养！双手需要像脸部肌肤一样做到滴水不漏地精心呵护，才能更健康、更年轻美丽。

手部基本护理产品

护手霜

　　护手霜是保持手部肌肤水分，预防细纹的主要护理产品，可以根据手部肌肤的不同需求，选用不同类别的护手霜。如含甘油、矿物质的润手霜，适合干燥肤质；含天然胶原及维生素 E 的护手霜，果酸成分有较强的修复作用，适合因劳作而粗糙的肤质。

磨砂膏

　　手部肌肤比脸部肌肤更容易堆积角质，所以为了一双美丽嫩白的手一定要定期去角质，而磨砂膏就成了必不可少的去角质产品。去除手部角质可以选用专门的手部磨砂膏，也可以选择身体磨砂膏或者带有磨砂微粒的洗面奶来清除角质。

手套

　　手套不仅冬季需要，夏季戴上薄薄的手套不仅防晒，还能预防手部肌肤衰老。而做家务或者进行其他劳动时戴上外层橡胶、内层棉质的手套，除了可以保护双手不受外界的磨损，还能保证双手的温暖，不至于受冻。所以养成戴手套的好习惯是拥有嫩白双手的第一步。

洗手液

　　部分女性喜欢用肥皂来清洗双手，觉得这样会清洗得更干净，其实不然。我们的手部肌肤属于弱酸性，肥皂大部分是碱性的，如果长期使用肥皂清洗双手又没有做到很好的防护措施，会让双手更加干燥、粗糙。所以，一瓶拥有天然保湿、清洁成分的洗手液成了护手的关键。

指甲基本护理产品

小奥汀水性指彩
　　小奥汀是一款革命性的环保无毒指甲油，主要成分为树脂和水，采用矿物质色粉上色，一切成分都是纯天然原料。这种指甲油没有任何气味，卸指甲油时只需将指甲油慢慢揭下即可轻松剥离，方便经常更换新的色彩和图案，不伤指甲。

死皮软化剂
　　死皮软化剂可以去除甲面和指甲周边多余的死皮以及角质，可以让指甲迅速地吸收营养，维持最佳的保湿状态，预防倒刺产生。除此之外，它还能够轻松激活指甲新细胞的再生，使干燥、粗糙的死皮剥落。

指缘油
　　指缘油在美甲中扮演着如面部肌肤护理中精华液的角色，它含有丰富的天然精华，还具有超强的抗氧化能力，能够恢复指甲周围肌肤的弹性，有效抑制倒刺、干裂现象，帮助营养吸收以及锁住水分。

营养底油
　　营养底油是专门针对指甲断裂以及剥落的修护产品，相当于指甲的隔离霜，能避免指甲受到有害物质的伤害。如果是加钙型的营养底油，除了富含角质氨基酸外，还能帮助增强指甲的硬度，预防天然指甲斑点产生。

硬甲油
　　有些女性指甲硬度较软且容易剥落，可以利用硬甲油来调理脆弱的指甲。它富含多种营养元素，为指甲提供均衡的营养，可以直接用在裸甲上，从根本上预防指甲变脆、分层以及剥离等问题，恢复指甲硬度。

美手的必备材料及工具

      想要打造一双完美的青葱玉手，先了解修手的基本材料以及工具，才能够开始真正的修手工作。

修手必备材料

消毒液
消毒液是开启修手步骤的必需品，要先对修手工具以及手部进行消毒，避免细菌交叉感染而导致一系列的手部疾病产生。

洗甲水
修手不能忽略指甲部分，如果指甲上残留着上次美甲时的指甲油，那么就需要用洗甲水卸除干净。

死皮软化剂
想要拥有白净的双手，死皮软化剂是不可或缺的修手材料。它能够软化双手角质，让死皮更易去除。

温水
温水可以去除各种修手制剂，以免它们残留在手上太久造成危害。此外，温水还能够加速手部对各大营养物质的吸收以及软化角质。

加钙底油
加钙底油起到隔离作用，能够很好地保护指甲不受到有害物质的侵袭，同时为指甲补充基本的营养，让指甲更健康。

营养油
营养油往往富含丰富的植物精华和营养物质，在修完手后需要擦在指甲边缘的肌肤上，不让指甲那么容易断裂。有了它能够让双手更加滋润有光泽。

修手必备工具

指甲钳

指甲钳能够修整指甲长度以及大致的甲形。首先它有大小区分，其次是以前端的形状分辨，有平头和斜面两种类型。

指甲锉

指甲锉是用于指甲形状的修磨，根据剪好的指甲然后进行更深层次的调整，它通常分为六种形状：方形、方圆形、椭圆形、尖形、圆形以及喇叭形，可以根据需求选择。

泡手碗

泡手碗是能够盛泡手液或者温水的容器，专业的泡手碗应该刚好是一只手的形状，将手放在上面正好与碗型吻合。

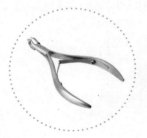

指皮钳

指皮钳一般都用不锈钢材料制成，有剪刀形的，也有钳子形的。它能够去掉刚推完的死皮以及倒刺，让双手更整齐美观。

抛光锉

抛光锉分为双面抛光条以及四面抛光块两种。主要是去除指甲表面残留的角质，让指甲表面变得更细腻有光泽。

根据自己的肤色选指甲油

不仅衣服和妆容能够调配自己的肤色，指甲的颜色也能很好地衬托我们的肤色。选对适合自己的指甲油颜色，更能隐藏肌肤缺点，让肌肤优点最大化。

选对甲色，让肌肤焕然一新

肤色较黑，黯淡无光

肤色偏黑，肌肤又没有光泽的女性要避免选择桃红、嫩绿、柠檬黄等浅色又艳丽的指甲油，它会让双手显得更黑更短。反而深色系的指甲油更适合这类肤色，偏棕色系的指甲油可以淡化手部肤色，显得手部清爽干净。

肤色蜡黄，面容憔悴

肤色偏黄的女性最好不要选择大红、粉色等色彩，因为会让指甲看起来脏脏的。不妨选用白色或者偏白的粉红色，可以营造出洁净亮丽的感觉。

肤色白皙，没有血色

这类型的肤色选择指甲油范围较广，几乎深色、浅色都能够包揽。如果想让手指看起来更纤长白皙，可以选择玫瑰色系或者深红色系的指甲油。如果想要肤色看起来更健康，可选择接近肤色的中间红色、淡粉色、肉桂色系。

肤色偏红，略显水肿

红润的肌肤会让人感觉非常健康，但是有时又会给人水肿的感觉，建议可以涂抹一些浅色系的指甲油来平衡色彩，如粉色、银白色，还能让手部线条看起来比较纤细修长。

♥ 小提示 ♥

如果指甲比较短小，可以涂抹淡色的指甲油，让指甲显得纤长；如果指甲比较宽扁，可以涂抹深色的指甲油，在涂的时候不要涂到整个甲面，在两侧稍微留一点，会改变甲面的这种曲线。

让甲面色彩持久鲜亮

指甲油不会保证永久不褪色，不过只要在涂色的时候注意一些小细节就能让你心爱的指甲油多陪你几天。

五个小细节延长甲色"保质期"

1. 指甲油分层涂，每层要足够轻薄

指甲油涂色可以分成两层涂抹，不要一气呵成。开始涂指甲油的时候一定要避免涂得太多太厚，一旦指甲油干得太慢，里面的溶剂不容易快速挥发，就会使其斑斑驳驳不够平滑。如果你嫌太薄的指甲油呈现不出饱和的色彩，那你可以多涂几层，但是要保证每层都足够轻薄，一样能达到效果。最后再涂上一层亮油就能让颜色更持久饱满。

2. 前期工作要做好

要想让美甲保留时间更长，首先要摒弃原来的涂抹方式，先从美甲前期的准备工作做起。用无羊毛脂的肥皂及温水洗手后用毛巾擦干，然后用无纤维化妆棉（不会掉毛）擦拭掉能引起指甲油剥落的油脂及洗手残留物。底油必不可少，它能使指甲油保留更长时间，还能避免深色指甲油的色素渗透到你的指甲盖里，最后卸除的时候还能帮你抵御洗甲水的伤害。

3. 亮甲油也讲究薄厚

亮甲油和指甲油一样，涂得薄的保留时间反倒更长，不仅涂的时候容易，而且掉一点也不容易被发现。如果亮甲油涂得很厚的话，不仅不容易干，脱的时候可能会影响整个甲片的效果，想及时补救都难。

4. 加入自己的创意

在指甲油掉落、颜色变暗之前，不仅可以用快干亮油作为保护，还可以靠自己的想象加入自己的创意，用其他色的指甲油在上面涂鸦或是贴上几粒金属装饰，你会发现本来斑驳的美甲会焕然一新。

5. 及时地补救

指甲油掉落和脱妆一样能够补救，所以不要为了掉甲脱落而影响心情。建议用抛光锉轻轻摩擦划痕和裂纹，然后用相同的指甲油在整个指甲上涂上薄薄的一层。等待其干燥 1~2 分钟后，再在上面覆盖一层快干亮油。对付美甲上的污点，可以将指尖浸到一点点丙酮中，轻轻用指尖拍打污点并压平，最后再在指甲上涂一层同色指甲油。

美甲造型基本材料及工具

美甲造型的基本材料和工具种类繁多，刚入门的你是不是会有选择疑虑？别担心，我们会为你一一罗列最具代表性的基本美甲材料及工具，让你轻松入门！

美甲造型的基本材料

营养底油

可以很好地起到隔离指甲油的效果，同时也保护我们的指甲不受有害物质的侵害，最大限度地让指甲处于健康状态，还能为指甲补充有益的钙质。

指甲油

美甲造型的必备品，它缤纷的色彩能够带给人们愉快的心情，但是在注重色彩的同时也要重视指甲油的质地，健康才是首选。

硬甲油

硬甲油可以用于护理指甲脆化剥落等问题，如果指甲因为长期美甲而受到损伤，可以用硬甲油和营养底油来护理指甲。

亮油

亮油可以让指甲光泽更明亮，也能够延长指甲油在甲面停留的时间，让指甲油颜色更饱满持久，为装饰好的美甲撑起一道安全的屏障。

快干喷雾

一般指甲油在 12 小时后才能完全干透，为了方便美甲后的正常活动，快干喷雾就是快速护甲的最佳装备，它能在 1 分钟内让指甲光滑、坚固，有效防止甲面附着污点。

美甲造型的基本工具

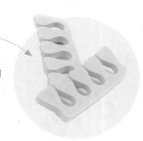

分指器
分指器能够让涂指甲油更方便，能够保证在涂色的同时指甲油不会沾染到其他指甲上。

指甲钳
指甲钳是美甲造型最基础的工具，它能快速地改变甲片形状以及长度。如果选用一些独特设计的指甲剪，还能够防止碎甲不容易飞溅。

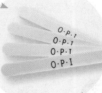

抛光锉
抛光锉又叫打磨条，它能够快速解决指甲凹凸不平的现状，让指甲外形更圆润，经过打磨后的指甲上色也会更加均匀。

死皮叉
死皮叉能够去除指甲边缘的角质，在细节的修理上会比死皮剪以及死皮推好用，只需轻轻地沿着死皮慢慢推就能轻松地去除甲周死皮了。

橘木棒
有时候就算再小心也难免会有指甲油溢出甲面，这时候细长的橘木棒就能够派上用场，只需用它点取适量洗甲水就能够清除多余的指甲油了。

指甲烘干机
在美甲后千万不能因为心急用嘴来吹干指甲，这样不仅不能快干还会让甲面光泽受损反而色泽不饱满光滑了。小巧方便的指甲烘干机就能使指甲油很快地凝固在甲面上。

美甲的装饰材料

常用美甲装饰配件

平底钻

平底钻由水晶材料切割制成，拥有 14 个切面，大小 2~3 毫米，非常迷你光泽，可以充分发挥你的 DIY 意识来装饰指甲。

钢珠链条

可以剪出适当的长度，在甲面上打造出斜线、圆圈、星形、心形等图案效果，金属光泽凝聚光线，能提高璀璨效果。

半圆珍珠

半圆珍珠采用的是 ABS 环保树脂材料，表面光滑耐看，有多种颜色选择，贴在指甲上可以显露你的高贵气质。

软陶花

软陶又叫彩陶，使用的是无毒，无味，无刺激的环保聚合性陶土制成。软陶花有很强的立体感，粘于指甲上美观纤巧。

合金装饰

主要适用于水晶甲和光疗甲，因为合金饰品需要底部用水晶粉铺垫才能更加牢固，普通胶水粘贴，遇到刮擦，容易脱落！

毛绒配件

美甲羽毛配件由纯环保材料精制而成，外观美感强，图案效果逼真，线条流畅优美，长期使用对指甲无伤害，操作简单。

树脂配件

树脂配件用树脂套磨具做成，样式多样，可以满足你在 DIY 美甲时的各种需求。将自己的小创意粘在指甲上是非常不错的。

布艺配件

布艺配件由布料做成，小巧且精美，大小约 20 毫米，可以用于装饰你的美甲，更显你的气质。

仿真奶油

仿真奶油本身具有极强的可塑性，可以在指甲上塑造出你想要的图案，并且色泽好、快干、韧性好，不发黄，是 DIY 美甲的好东东。

常用美甲装饰贴纸

3D 贴花

　　3D 贴花有立体的图案效果，可直接贴在指甲上，再刷亮油即可。3D 贴花最大的好处就是方便、漂亮，可以随时随地 DIY 美甲。

蕾丝贴花

　　蕾丝镂空美甲贴花图案精致，装饰的时候最好先在指甲上涂上一层指甲油作为衬底，再将贴花贴在指甲上，可根据自己喜好搭配钻片等。

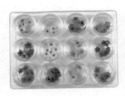

干花贴片

　　干花贴片制作精美，拥有多种色彩和形状，底板为透明塑料片，方便粘贴之前的比对，用牙签镊子之类物品摘取。

水转印贴花

　　水转印贴花外观美感强，图案效果逼真，附着力好，表面平滑，耐摩擦，由纯环保材料精制而成，长期使用对指甲无害。

金银彩绘线

　　金银彩绘线自带背胶，黏性好，不褪色，直接贴到指甲上做线条造型，减去多余的长度即可！固定好后，在表面涂一层亮油，即可加固加亮。

美纹胶带

　　美纹胶带是以美纹纸和压敏胶水为主要原料，具有耐高温、高粘着力和再撕不留残胶等特性，用于美甲很有手工的感觉。

法式美甲贴纸

　　法式美甲贴纸是透明状胶带，给指甲上了底色后，即可直接在指甲上贴贴纸，余下的指甲空白位置可方便 DIY 各种颜色和图案。

指甲贴片

　　指甲贴片非常适合懒人 MM 们使用。指甲贴片表面就已经制作贴有各种可爱的图像和颜色，只要将假贴片贴在指甲上即可。

全透明甲片

　　透明全贴甲片是透明的假贴片，使用非常简单，先将自身指甲修剪打磨好，再将甲片胶涂在甲片背面，顺着指甲的方向贴进去即可。

圆形指甲

圆形指甲突出了东方女性温柔典雅的特色，适合手形较好、纤长的朋友们。

步骤1: 先仔细观察自己的指甲，认出指甲的假想中心线。

步骤2: 平握180双面砂号的打磨条，由下往上的方向打磨指甲的右侧。

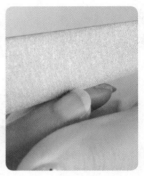

步骤3: 用打磨条由下往上的方向打磨指甲的左侧。

步骤4: 将打磨条与指甲前缘呈45度，打磨指甲的前缘。

步骤5: 用海绵挫反复从两侧向中间打磨，直至甲面边缘圆润光滑。

步骤6: 最后用海绵挫对甲缘前端不顺滑的地方进行打磨。

方形指甲

方形指甲受力部位比较均匀，接触面积大，不易断裂，适合常用指甲前端工作的白领女性。

步骤 1: 先仔细观察自己的指甲，从假想中心线中看看自己想要的方形指甲的效果。

步骤 2: 将打磨条与指甲前缘呈 45 度，开始打磨修整指甲前缘。

步骤 3: 用打磨条从下往上打磨指甲右侧，使得甲缘右侧形成一个角。

步骤 4: 用打磨条从下往上打磨指甲左侧，使得甲缘左侧形成一个角。

步骤 5: 用打磨条从甲缘前端的两侧慢慢向中间方向打磨。

步骤 6: 最后用海绵挫对甲缘前端进行打磨，使得指甲更加光滑。

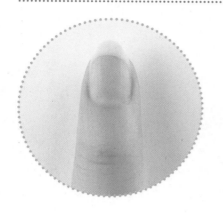

尖形指甲

尖形指甲前端尖，两边有弯度，充分展示了古典风格的个性甲形。

步骤1：先仔细观察自己的指甲，认出指甲中的假想中心线。

步骤2：平握180双面砂号的打磨条，由下往上打磨指甲的右侧。

步骤3：用打磨条由下往上打磨指甲的左侧。

步骤4：然后沿着指甲前缘下方，从两侧向中间按曲线轨迹磨锉成尖形。

步骤5：反复从两侧向中间打磨，直至甲面边缘圆润光滑。

步骤6：最后用海绵挫对甲形上有不顺滑的地方，进行再次处理。

方圆形指甲

方圆形的指甲前端和侧面都是直的，棱角的地方成圆弧形轮廓，给人以柔和的感觉，对于骨节明显，手指瘦长的手，方圆形可以弥补不足之处。

步骤 1: 先将指甲中偏向某一方向过长的部分剪掉。

步骤 2: 将 180 双面砂号打磨条与指甲呈 45 度摩擦指甲前端。

步骤 3: 将指甲前端修磨好后，用打磨条打磨指甲的右侧。

步骤 4: 用打磨条打磨指甲的左侧，使得指甲形成了一个方形。

步骤 5: 反复打磨指甲的 AB 两点，从两侧向中间按曲线轨迹磨锉成方圆形。

步骤 6: 最后用海绵挫打磨指甲前缘，使得指甲光滑完美。

打造光泽甲面的抛光处理

美甲的时候有个重要的环节就是抛光和打磨，抛光和打磨指甲直接关系到美甲的亮泽与光滑度。做一个细心的人，处理好这两个环节，让指甲焕发完美光泽。

步骤 1: 先用湿纸巾对甲面进行清洗，使甲面干净。

步骤 2: 拿出海绵挫，将指甲表面磨平。

步骤 3: 然后用抛光条将指甲上向同一方向抛光。

步骤 4: 用牙签取出适量的抛光蜡放在甲面上。

步骤 5: 再用羊皮打蜡擦打蜡，速度要非常均匀快速。

步骤 6: 最后给指甲涂上一层营养油就完成了。

彻底去除甲周角质死皮的技巧

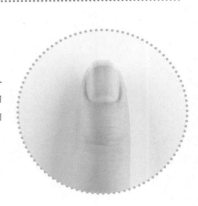

当我们的指甲周边角质硬化，显出死皮的时候，每个爱美的女人都很难容忍死皮的存在。不管我们的指甲多么漂亮，死皮都会让指尖黯然失色。去死皮是美甲中必不可少的护理，需要我们的一点耐心。

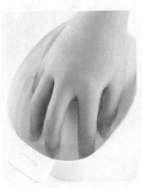

步骤 1: 先把手放在装有温水的泡手碗里浸泡 5 分钟，泡好后将手擦干。

步骤 2: 将软化剂均匀地涂在指甲周围的指皮上，可以起到软化角质的作用。

步骤 3: 然后用死皮推把指甲根部的死皮推起。

步骤 4: 用死皮叉把指尖周围的死皮推掉。

步骤 5: 再用死皮钳或死皮剪把指甲上剩余的死皮剪掉。

步骤 6: 最后在指缘周围涂上营养油就完成了。

零刺激去除指甲倒刺的方法

手指甲两侧及下端因干裂而翘起的小片表皮，形状像刺，就是我们常说的倒刺。倒刺的存在会让我们的指甲很不舒服，但不少朋友因为怕疼害怕去倒刺，下面就教大家一招零刺激去除碍眼甲面倒刺的方法。

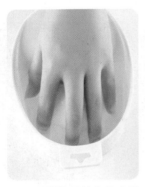

步骤 1: 先把手放在装有温水的泡手碗里浸泡。

步骤 2: 等指甲及周围的皮肤变得柔软后，擦干手指。

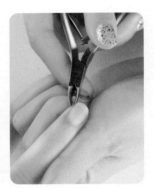

步骤 3: 拿出去倒刺的小剪刀，将指甲左边缘的倒刺剪去。

步骤 4: 用小剪刀将指甲右边缘的倒刺剪去。

步骤 5: 然后在指甲边缘抹上一层指缘油，让刚修剪过的皮肤变得光滑。

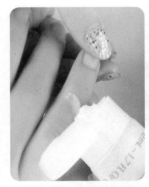

步骤 6: 最后抹上一层护手霜，保护指甲皮肤。

零失误的甲油基础上色方法

甲油是美甲操作重中之重的一步，所有出彩的指甲都是由如何上甲油开始的。对于一个新手，如何上甲油才能让自己的指甲色泽饱满、散发光彩呢？下面就给大家介绍美甲界中零失误的甲油上色方法。

步骤 1：先用湿纸巾对甲面进行清洁，保持甲面水分干爽。

步骤 2：给指甲上一层底油，可以帮我们的指甲和指甲油做隔离，避免色素沉淀。

步骤 3：先在指尖上擦上指甲油，避免在指甲油涂好后留下指尖的一道"白线"。

步骤 4：然后将甲面上剩余部分涂满甲油，以此方法进行第二次上色。

步骤 5：用桔木棒清除指缘上涂出位的指甲油。

步骤 6：最后给指甲涂上亮光油就完成了甲油的上色。

无残留卸除甲油的秘诀

即使是再漂亮的美甲，我们也不可能让甲油一直留在甲面上，卸甲自然而然成了美甲护甲中最后的一道工序。不少朋友在卸甲的时候可能因为方法不对，会在甲面上留下残迹。现在就给大家公开无残留清除甲面甲油的密招。

步骤 1: 先用指甲钳把假指甲剪短一些，注意不要剪到真指甲。

步骤 2: 然后在洗甲棉上蘸上适量的洗甲水。

步骤 3: 用沾有洗甲水的洗甲棉按压甲面，让甲油充分接触到洗甲棉。

步骤 4: 将按压在甲面上的洗甲棉用力往指甲外擦。

步骤 5: 用洗甲棉来回擦拭指甲周围及肉缝处残留的指甲油。

步骤 6: 最后用酒精清洗干净指甲即可。

常见美甲问题答疑

Q: 卸甲后应该注意什么事项呢?

A: 第一:卸甲完成后,最少要隔段时间才能做其他的假指甲。如果是光疗甲,需要 10 天左右,水晶甲需要一个月的时间。目的是可以让指甲有足够的时间去生长与修复;第二:卸甲后,在生活中少用指甲片去抠一些物体,不然很容易使指甲断裂;第三:卸甲后,要多用修复性甲油、指甲营养油,滋润指甲时做局部按摩,可以使营养成分更快被吸收。

Q: 卸甲水对人体有害吗?

A: 卸甲水的主成分为丙酮,而水晶甲的硬化组成为压克力(聚乙稀酸),其溶解需求是丙酮对皮肤伤害性最低。但所使用的丙酮成分需求必须为纯度 90% 以上,因为纯度高含水量则高,对于皮肤伤害性则低,约 20~25 分钟可使水晶甲完全溶解,完全溶解的水晶甲卸除对指甲不会产生伤害,对于皮肤也不会有伤害,但用得多就会损害皮肤。

Q: 水晶甲卸除后为何指甲容易断或劣或起层?

A: 因为不当的打磨指甲已使指甲磨薄,有水晶甲时并不觉指甲已经很薄,但卸除或不当的卸除会使指甲受到二度伤害,这时指甲一定是非常的薄弱,指甲一定会易断。所以正确的前置工作及正确的卸除方式对指甲的保护是非常重要的。

Q: 卸甲后发现指甲发黄该怎么办?

A: 使用棉签蘸取柠檬汁擦拭指甲表面,也可以干脆切开一个柠檬,把手指插进去,停留 15 秒后拿出来。这样能够有效解决指甲因为指甲油和卸甲水使用过度,导致指甲发黄和脆弱等的问题。

Q: 怀有宝宝的妈妈们做光疗美甲需要尽快卸甲吗?

A: 不用。光疗甲是树脂胶凝固而成,对胎儿没有影响,但是期间不应接触含有化学成分较大的产品如染发和烫发剂。光疗甲脱掉后可以做指甲打蜡,但不应涂抹任何指甲油。

Q: 使用洗甲水的时候要注意什么?

A: 洗甲水不能用来猛擦指甲。尤其是那些洗甲功效比较显著的产品,用它猛擦甲面,会使甲面变得黯淡、无光泽。正确的做法是,将蘸了洗甲水的化妆棉压在指甲上 5 秒钟,指甲油自然就脱落了。如果仍未清除,可以再做一次。

Chapter 2

第二章
美甲入门图案

　　单色的美甲已经满足不了追求时尚的美甲爱好者，学会简单而不乏新意的美甲图案，为甲面增添一抹创意亮点。通过基础图案的练习，一定能够激活你的美甲灵感，正式开启丰富多彩的美甲新世界！

湖蓝色描绘基础波点

完成

可爱的波点纹绝对是时尚界不老的神话，该图案样式简单却极富想象力，充满了蓬勃的朝气，蓝白色调搭配就像蓝天白云的组合，给人一种清新自然的亲切感。

步骤1: 将底油用小刷子均匀地涂在甲片上，等待底油晾干。

步骤2: 将适量的蓝色和白色甲油滴在调色盘上。

步骤3: 用刷子将蓝色和白色甲油混合，调出淡蓝色。

步骤4: 用小刷子将调出的淡蓝色涂在甲片上，颜色要均匀。

步骤5: 用点花笔蘸上白色甲油，在需要的地方点上圆点。

步骤6: 最后在甲片上涂一层亮油，让美甲颜色更亮丽也更持久。

简洁又浪漫的蝴蝶结

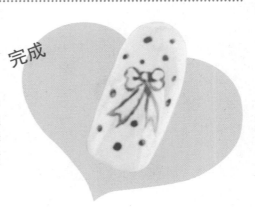

完成

蝴蝶结是饰品里永不过时的重要元素，它代表心底里那一份对于纯真的向往和迷恋。清新的线条描绘出蝶之灵动，诉说出充满想象力和女人味的浪漫蝴蝶情结。

步骤 1: 用白色指甲油刷满甲片，从中间到两侧均匀刷三遍。

步骤 2: 用雕花笔蘸上蓝色甲油，在甲片中间画一个小圆圈。

步骤 3: 用雕花笔在小圆圈左右两边各画一个横着的心形。

步骤 4: 以小圆圈为中点，先朝左下方画一条丝带。

步骤 5: 再朝右下方画一条丝带，左右两条丝带基本对称。

步骤 6: 用雕花笔蘸上蓝色指甲油，在甲片的空白处点上圆点。

充满甜蜜的红色爱心

完成

　　以爱为名义的心形指甲彩绘简单又不失甜美，大大的心形不需要过多的装饰就能带给你好运，用甜美的爱心来谱写属于你的浪漫记忆。

步骤1：将底油用小刷子均匀地涂在甲片上，等待底油晾干。

步骤2：用白色指甲油刷满甲片，从中间到两侧均匀刷三遍。

步骤3：用雕花笔蘸一点红色甲油，在甲片中间画一个爱心。

步骤4：用雕花笔蘸多一些红色甲油，将爱心图案填充满。

步骤5：爱心图案中甲油涂得不均匀的地方，用雕花笔涂匀。

步骤6：为防止指甲油脱落，最后在甲片上涂上一层亮油。

改变单调的活力星星

完成

　　星形图案代表活力张扬的个性，在美甲图案中备受欢迎，无论单独出现还是搭配条纹的图案，都会让单调的美甲充满活力。

步骤1: 先将指甲过长部分剪掉，用打磨条磨出想要的形状。

步骤2: 将底油用小刷子均匀地涂在甲片上，等待底油晾干。

步骤3: 在甲片上涂一层蓝色甲油，从中间到两侧均匀刷三遍。

步骤4: 用雕花笔蘸一点白色甲油，在甲面上画一个五角星。

步骤5: 用蘸了白色甲油的雕花笔，错落有致地画几个五角星。

步骤6: 为防止指甲油脱落，最后在甲片上涂上一层亮油。

黑白色活泼奶牛纹

完成

可爱的奶牛纹充满了童趣的欢快气息，黑白组合不会显得老气沉闷，反而更加清新可爱。奶牛纹讲究不刻意的非对称形式，在绘画时也可以随心所欲，不必纠结是否大小一致。

步骤1：用白色甲油刷满甲片，从中间到两侧均匀刷三遍。

步骤2：用雕花笔蘸取黑色甲油，在甲片上开始画奶牛纹。

步骤3：用雕花笔点在甲片上，轻轻运转笔尖，将奶牛纹晕开。

步骤4：在甲片侧面画上半个样子的奶牛纹，营造出自然的效果。

步骤5：在画奶牛纹时，注意大小不一，形状不要对称。

步骤6：最后在甲片上涂上一层亮油，让美甲颜色更亮丽也更持久。

兼具经典和时尚的斑马纹

动物纹总会给人们带来无限的想象及灵感，角逐在时尚前端的斑马纹总是带着一股野性的气息，黑白相间的经典色彩无论在什么时候都是最抢眼的一款。

完成

步骤1: 将底油用小刷子均匀地涂在甲片上，等待底油晒干。

步骤2: 用白色甲油刷满甲片，从中间到两侧均匀刷三遍。

步骤3: 用雕花笔蘸上黑色甲油，在甲面上描画几条随意的竖条。

步骤4: 用黑色甲油将之前描好的竖条加粗，保持粗细不一。

步骤5: 竖条图案中甲油涂得不均匀的地方，用雕花笔涂匀。

步骤6: 为防止指甲油脱落，最后在甲片上涂上一层亮油。

带有俏皮趣味的胡子

完成

性感的小胡子画在指甲上可爱又俏皮，非常有卡通形象感，透明的底色简单大方，可以更好地突出小胡子造型。

步骤 1: 用白色甲油刷满甲片，从中间到两侧均匀刷三遍。

步骤 2: 用雕花笔蘸一点黑色甲油，在甲片中下部分点两个圆点。

步骤 3: 估计好胡子的长度，用黑色甲油在左右两侧画两个定点。

步骤 4: 用雕花笔蘸上黑色甲油，用曲线连接中间圆点和侧边的定点。

步骤 5: 再用更多黑色指甲油将曲线加粗，描出胡须的形状。

步骤 6: 用同样步骤在另一边描出胡须，保持图案基本对称。

性感火辣的红唇

完成

　　火辣辣的红唇使得性感指数飙升，重点是要将红唇纹路也能仔细的描画出来，自然而粗糙的线条有一种原始的野性美，令你在诸多小清新中占得头筹。

步骤 1: 先将指甲过长部分剪掉，用打磨条磨出想要的形状。

步骤 2: 将美甲底油用小刷子均匀地涂在甲片上，等待底油晾干。

步骤 3: 用白色甲油刷满甲片，从中间到两侧均匀刷三遍。

步骤 4: 将涂好白色的甲片放在通风的地方，等待晾干。

步骤 5: 用雕花笔蘸一点红色甲油，轻轻描出唇印的形状。

步骤 6: 最后在甲片上涂上一层亮油，让美甲颜色更亮丽也更持久。

充满田园风的小雏菊

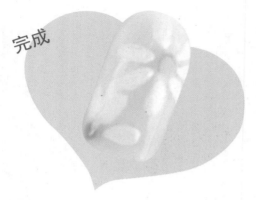

完成

　　清新淡雅的雏菊花不落俗套，描画起来也比较简单。雏菊的花语是"隐藏在心中的爱"，将你的欢喜描绘在指甲上，相信你的那个他也会明白你的小心思。

步骤 1: 先将指甲过长部分剪掉，用打磨条磨出想要的形状。

步骤 2: 将底油用小刷子均匀地涂在甲片上，等待底油晾干。

步骤 3: 用黄色甲油在甲片上点上雏菊的花芯。

步骤 4: 用雕花笔蘸一点白色甲油，描出雏菊花瓣的轮廓。

步骤 5: 用蘸了白色甲油的雕花笔将雏菊花瓣的形状补充完整。

步骤 6: 为防止指甲油脱落，最后涂上一层亮油。

撞色系醒目条纹

条纹的风暴再度席卷而来，通过色彩的变化体现出不同的风格，经典的竖纹搭配粉嫩的色彩，别有一番海岸风情。

完成

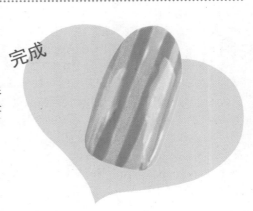

步骤1: 将白色甲油刷满甲片，从中间到两侧均匀刷三遍。

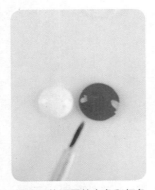

步骤2: 将适量的白色和红色甲油滴在调色盘上。

步骤3: 用刷子将白色和红色甲油混合，调出粉色。

步骤4: 用雕花笔蘸一点粉色甲油，画四条平行竖条纹。

步骤5: 用雕花笔蘸一点黄色甲油，填充在白色部分。

步骤6: 最后在甲片上涂上一层亮油，让美甲颜色更亮丽也更持久。

清新色彩打造实用格纹

完成

搭配好看的格纹一定要选对色彩组合，清新的浅蓝和黄色的组合不但可以调节心情，更可以在不经意间改善暗沉的肤色。

步骤 1: 在距离甲尖 3/4 处，涂上一层黄色甲油。

步骤 2: 将适量的白色和蓝色甲油滴在调色盘上。

步骤 3: 用刷子将白色和蓝色甲油混合，调出淡蓝色。

步骤 4: 用雕花笔蘸上淡蓝色甲油，先画三条平行横线。

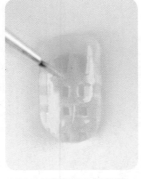

步骤 5: 再画三条平行竖线，不要超过黄色甲油部分。

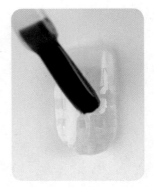

步骤 6: 最后在甲片上涂上一层亮油，让美甲颜色更亮丽也更持久。

充满可爱气质的豹纹

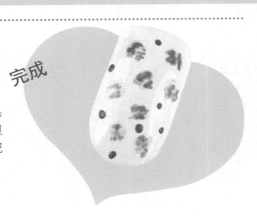

完成

　　谁说豹纹就一定得是性感夸张极具张力，樱桃粉和白色相间的豹纹图案不但没有侵略性反而显得特别生动活波，搭配红色波点更显可爱气质。

步骤 1: 将适量的白色和红色甲油滴在调色盘上。

步骤 2: 用刷子将白色和红色甲油混合，调出粉色。

步骤 3: 在涂了白色甲油的甲片上，用粉色甲油描出豹纹位置。

步骤 4: 用雕花笔蘸一点粉色甲油，画出豹纹形状。

步骤 5: 用蘸了粉色甲油的雕花笔加深豹纹图案的颜色。

步骤 6: 用雕花笔蘸一点红色，在空白处点上小圆点。

具有俏皮感的曲线法式边

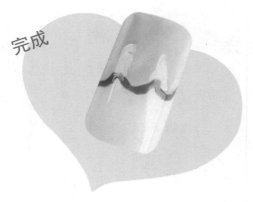

完成

不同于一般的法式边指甲彩绘造型，不规则的曲线界线更有跳跃感，加上粉色和蓝色的撞击视觉，让指尖优雅中带着俏皮感。

步骤1: 先将指甲过长部分剪掉，用打磨条磨出想要的形状。

步骤2: 将底油用小刷子均匀地涂在甲片上，等待底油晾干。

步骤3: 用白色和红色甲油调和成粉色，涂抹在甲片上半部分。

步骤4: 用蘸了粉色甲油的雕花笔继续上色，让甲片颜色更饱满。

步骤5: 用雕花笔蘸一点蓝色甲油，沿着不规则曲线勾画。

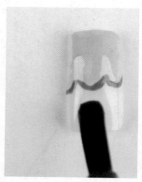

步骤6: 为防止指甲油脱落，最后涂上一层亮油。

三色打造西班牙国旗

西班牙国旗图案相信是每个球迷都必选的图案，火热的红色搭配富有活力的柠檬黄画出西班牙球队的热情活力。

完成

步骤 1: 先将指甲过长部分剪掉，用打磨条磨出想要的形状。

步骤 2: 将白色甲油刷满甲片，从中间到两侧均匀刷三遍。

步骤 3: 再用红色甲油刷满甲片，等待甲油晾干。

步骤 4: 在甲面中间用黄色甲油画一条较粗的竖线。

步骤 5: 用蘸了黄色的雕花笔对竖线进行修整。

步骤 6: 为防止指甲油脱落，最后涂上一层亮油。

简单线条组成百搭十字纹

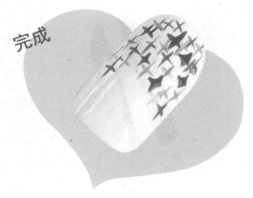

完成

十字纹并不在意是否对称，也不要求线条的粗细一致，两种撞色的运用是深谙时尚之道，由简单线条组合在一起的图案看起来一点也不简单。

步骤1: 将底油用小刷子均匀地涂在甲片上，等待底油晾干。

步骤2: 将白色甲油刷满甲片，从中间到两侧均匀刷三遍。

步骤3: 用雕花笔蘸一点红色甲油，在甲片上半部画十字。

步骤4: 继续用蘸了红色甲油的雕花笔画十字，图案错落有致。

步骤5: 在空白处用蘸了蓝色甲油的雕花笔画蓝色十字。

步骤6: 为防止指甲油脱落，最后涂上一层亮油。

极具热带风情的火烈鸟图案

完成

色彩鲜艳的火烈鸟带有浓郁的热带雨林风情，搭配心形图案营造出浪漫情怀，让指间也充满柔情。

步骤1：将白色甲油刷满甲片，从中间到两侧均匀刷三遍。

步骤2：用蘸了红色甲油的雕花笔，在甲面描出火烈鸟的位置。

步骤3：用雕花笔蘸一点红色甲油，描出火烈鸟的形状。

步骤4：用黑色甲油在空白处点上小圆点，定出爱心的位置。

步骤5：用雕花笔蘸一点黑色甲油，在定点处画上爱心。

步骤6：为防止指甲油脱落，最后涂上一层亮油。

涂鸦式创意混色

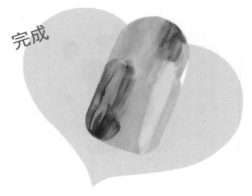

完成

抛开规矩的颜色和死板的条条框框，就像涂鸦一样随意描绘色彩，搭配撞色，故意营造交界处的模糊感，简单却够炫目。

步骤 1: 用白色指甲油刷满甲片，从中间到两侧均匀刷三遍。

步骤 2: 用刷子蘸一点黄色甲油，不规则地涂在甲片上。

步骤 3: 用刷子蘸上蓝色甲油，涂在甲片左下方和右上方。

步骤 4: 再用刷子蘸上黄色甲油，刷在甲片右下方和左上方。

步骤 5: 用刷子将黄色和蓝色甲油的交界处轻轻混合。

步骤 6: 最后在甲片上涂上一层亮油，让美甲颜色更亮丽也更持久。

充满青春气息的卡通帆布鞋

完成

　　帆布鞋几乎是人人必备的单品，无论什么年龄段的女生穿上帆布鞋，总能散发出学生时代的气息。以鲜嫩的颜色和简单的线条就能将这份气息在指尖展现。

步骤1：用白色指甲油刷满甲片，从中间到两侧均匀刷三遍。

步骤2：将甲片的2/3处到甲尖部分，用刷子均匀涂上黄色甲油。

步骤3：用蘸了白色甲油的雕花笔在黄色部分点上6个点。

步骤4：用雕花笔蘸一点白色甲油，在6个白点间连线。

步骤5：用雕花笔蘸一点黑色甲油，在6个白点上点上小黑点。

步骤6：最后在甲片上涂上一层亮油，让美甲颜色更亮丽也更持久。

清新风的香甜樱桃

完成

若想表现出清新自然的感觉，水果图案向来都是首选。嫩绿色的叶子加上鲜红的樱桃果实，看起来就很酸甜可口，让人充满青春的气息。

步骤 1: 将底油用小刷子均匀地涂在甲片上，等待底油晒干。

步骤 2: 用白色指甲油刷满甲片，从中间到两侧均匀刷三遍。

步骤 3: 用蘸了绿色甲油的刷子在甲片上方画出樱桃的叶子。

步骤 4: 用蘸了红色甲油的雕花笔画上两个樱桃的形状。

步骤 5: 用刷子蘸一点白色甲油，在两个樱桃上各点一个白点。

步骤 6: 最后在甲片上涂上一层亮油，让美甲颜色更亮丽也更持久。

表达热情的潮流香蕉

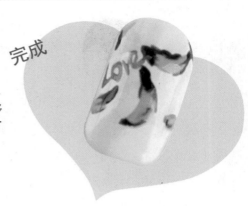

完成

　　美甲中怎么能少了可爱的水果图案，不用真的品尝，只要看到图案就好像能够闻到水果的香甜，黄色的香蕉图案充满了热带风情，令人感受到夏天的气息。

步骤 1：将底油用小刷子均匀地涂在甲片上，等待底油晒干。

步骤 2：用白色指甲油刷满甲片，从中间到两侧均匀刷三遍。

步骤 3：用雕花笔蘸一点黄色甲油，在甲片上画出香蕉大致形状。

步骤 4：用蘸了黑色甲油的雕花笔，勾画香蕉的头尾部分。

步骤 5：用雕花笔蘸一点桃红色甲油，写上 L、O、V、E 四个字母。

步骤 6：最后在甲片上涂上一层亮油，让美甲颜色更亮丽也更持久。

四色蕾丝玩转名媛风

完成

充满女性元素的蕾丝无论在妆容、时装还是饰品中都被无限地运用，无数时尚名媛都折服在它的风采之下，用充满魅力的蕾丝来装饰你的指甲同样会增加你的吸睛指数。

步骤 1: 在刷满白色甲油的甲片 1/2 偏上方到甲尖部分，涂上红色甲油。

步骤 2: 在涂了红色甲油的 1/2 偏上方到甲尖部分，涂上黑色甲油。

步骤 3: 在红色和白色甲油的交界处，用黑色甲油描一条线。

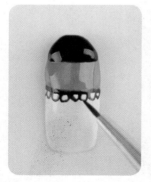

步骤 4: 用雕花笔蘸一点黑色甲油，描出蕾丝形状。

步骤 5: 在红色和黑色甲油交界处，贴一条金色细线。

步骤 6: 最后在甲片上涂上一层亮油，让美甲颜色更亮丽也更持久。

少女心爆棚的乖巧兔子

完成

卡通兔子造型深受广大女生的喜爱，萌萌的小白兔让一颗少女心爆发，在色彩的搭配上选择糖果色系会让人更有好感。

步骤1: 将底油用小刷子均匀地涂在甲片上，等待底油晾干。

步骤2: 用蓝色指甲油刷满甲片，从中间到两侧均匀刷三遍。

步骤3: 用白色甲油在甲尖部分，刷出小白兔的脸及耳朵。

步骤4: 用白色甲油修整好小白兔的形状，填充均匀颜色。

步骤5: 用雕花笔蘸一点黑色甲油，画出小白兔的眼睛和嘴巴。

步骤6: 用蘸有粉红色甲油的雕花笔，画出小白兔的耳朵和腮红。

具有文艺气息的海魂衫

完成

海魂衫通常是蓝白相间的条纹衫，虽然在几十年前已开始流行，但现在又以复古姿态重新进入人们视野。改用红色条纹，更增加了一丝俏皮和可爱。

步骤1：用白色指甲油刷满甲片，从中间到两侧均匀刷三遍。

步骤2：用蘸了红色甲油的雕花笔，在甲片上画四条平行线。

步骤3：在甲尖用蘸了蓝色甲油的雕花笔，画出海魂衫的领子。

步骤4：在领子中间点上胶水，用橘木棒贴上一颗白色的水钻。

步骤5：用蘸了黄色甲油的雕花笔，在甲片上画上船锚的形状。

步骤6：用雕花笔蘸一点黄色甲油，继续加深图案颜色。

体现童趣的破壳鸡仔

完成

　　小动物图案也是表现可爱的一把利器，小巧呆萌的鸡仔，更让旁人禁不住有想要爱护的感觉。选择白色与黄色的搭配，不仅贴合主题，更体现出天真可爱的味道。

步骤 1: 用白色指甲油刷满甲片，从中间到两侧均匀刷三遍。

步骤 2: 在甲片的 1/2 处到甲尖部分，用黄色甲油刷子均匀涂上黄色。

步骤 3: 用蘸了白色甲油的刷子，在黄白甲油交界处画三个小三角。

步骤 4: 用雕花笔蘸一点黑色甲油，在甲尖点出鸡仔的眼睛。

步骤 5: 用红色甲油确定鸡仔嘴巴的位置，画一个三角形。

步骤 6: 用红色甲油修整鸡仔嘴巴的形状，并填充颜色。

活跃的零散圆点

完成

圆点是创作很多美甲造型时常用的一种绘画图案，指甲涂上甲油后，在上面点上色彩明亮的小圆点，可以立刻使得画面单调的指甲活跃起来，尤其是几种颜色撞色组合时，用圆点来表现，更能获得瞩目的效果。

步骤 1: 用打磨条将甲片磨成自己想要的甲形，然后用抛光条对甲片抛光。

步骤 2: 将美甲底油用小刷子均匀地涂在甲片上，然后等待底油晾干。

步骤 3: 将白色甲油用刷子从甲片中间到两侧刷 3 遍，直到白色甲油均匀地覆盖甲片。

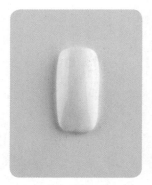

步骤 4: 将涂好甲油的甲片小心地放在通风的地方，直到甲片晾干为止。

步骤 5: 在金属箔片上滴一点蓝色指甲油，然后用点花笔蘸上，在甲片需要的地方点上圆点。

步骤 6: 为防止指甲油脱落，最后在甲片上涂上一层亮油，等待甲片干透即可。

表达浪漫情怀的心形

心形图案是一个非常浪漫和女性化的图案，也是美甲中较为常见的一种绘法，只要用红色的指甲油在甲片上画出一个心形图案，立刻彰显出你的时尚个性和浪漫情怀。在描绘心形图案的时候，一般要选择明艳、大胆的色调，再搭配暖色系的浅色调，色彩冲击力就更强了。

完成

步骤1：甲片上涂好底油后涂一层粉红色甲油，然后用白色甲油在甲片上涂一个心形。

步骤2：用雕花笔蘸一点红色颜料，然后沿着粉色与白色的心形边缘勾边。

步骤3：在甲片的白色区域，用蘸有红色颜料的雕花笔画出几个心形图案。

步骤4：用雕花笔蘸一点黑色颜料，将刚才画出的心形图案进行勾边。

步骤5：用镊子取一颗白色水钻和红色水钻，然后轻轻贴在甲片的粉色区域。

步骤6：用蘸取棒蘸上金黄色的闪粉，然后在粉色区域中描绘出"L""O""V""E"四个字母。

充满春天气息的花形

完成

花是女人美丽的象征。在美甲造型绘图上，花形是最常用到的一种图案。不同的花代表着不同的女性魅力，在绘图上，用雕花笔蘸甲油，然后随着笔势即可画出花瓣，画法非常简单。花形图案作为美甲绘图的一个主题，不需要其他太多配图就可显出你的风格。

步骤 1: 甲片上好底油后，用雕花笔蘸上一点白色甲油，在甲片下方画出一朵白色花瓣。

步骤 2: 用蘸取棒蘸上彩色的闪粉，在白色花蕊出画出一个圈。

步骤 3: 用蘸取棒蘸上金黄色闪粉，在甲片上方勾画一条半圆弧线。

步骤 4: 用雕花笔分别蘸不同颜色的颜料，在甲片上画几朵颜色不同的小花。

步骤 5: 对于绘图还不是很满意的小花，用雕花笔进行上色修复。

步骤 6: 用雕花笔蘸上比花瓣颜色更深的颜料，在花瓣里画出花蕊。

知性风简约细线

线条是最基本的构图画法，也是美甲造型上最常用的一种画法。往往只需简简单单的几条细线，通过重叠和交叉，就能呈现出一个非常丰富有趣的画面。细线图案的风格彰显的是一种睿智和简约的时尚风格，非常适合知性女性使用。

完成

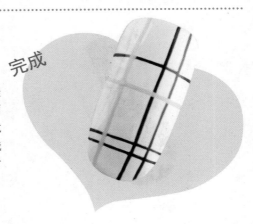

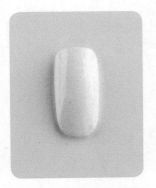

步骤 1：甲片涂上底油后，再涂上一层奶白色的指甲油，要求颜色均匀。

步骤 2：用雕花笔蘸一点褐色颜料，在甲片的四分之一部分画出一条细直线。

步骤 3：用雕花笔在甲片大概中间部分画一条直线，要求要跟前面一条直线平行和一样细。

步骤 4：用雕花笔在甲片上方画一条跟之前的直线垂直的细线，线条大小要尽量一致。

步骤 5：用雕花笔在甲片下方画两条平行线，要求跟上一步的线条平行。

步骤 6：用雕花笔蘸上一点浅粉色，在甲片左侧画出一个"十"字形的线条。

具有圣诞氛围的雪花

完成

雪花让人想起冬天漫天飘雪的情景，所以雪花的图案也是美甲绘图的基本画法之一。要画好雪花，需要先用雕花笔在甲片上画出几条交叉的细线，然后在细线上通过点白点表现雪花。雪花是白色的，所以它可以和很多饱满丰富的底色搭配，极具视觉冲击力。

步骤 1: 甲片上好底油后，用刷子在甲片上涂上深红色甲油，要求深红色甲油要涂两遍。

步骤 2: 用雕花笔蘸上白色颜料，在甲片上画细线，勾勒出雪花的基本雏形和架构。

步骤 3: 用点花笔蘸取一点白色颜料，在已经绘出的雪花线条上画点。

步骤 4: 用点花笔在甲片剩余的地方画点作为小雪花，使甲片的画面更丰富。

步骤 5: 最后在每片雪花的顶点都画上一个小点，雪花的绘画就完成了。

步骤 6: 为防止指甲油脱落，最后在甲片上涂上一层亮油，等待甲片干透即可。

透露街头风的璀璨星形

完成

　　星形图案是一个比较丰富的图案，即使是在整个比较单调的画面上，只要画上几颗星形，就立刻显得活泼可爱起来。甲片上的星形常常是整个甲片的主角，所以常要用一些明艳的色彩来表现它。星形与其他颜色的搭配往往能透出一种年轻活泼的气息，非常适合少女们使用。

步骤 1: 将美甲底油用小刷子均匀地涂在甲片上，然后等待底油晾干。

步骤 2: 将白色甲油用刷子从甲片中间到两侧刷 3 遍，直到白色甲油均匀地覆盖甲片。

步骤 3: 用雕花笔蘸蓝色的颜料，在甲片上画出大小不一、错落有致的五角星。

步骤 4: 用雕花笔蘸上红色的颜料，在蓝色五角星附近画出可互相搭配的红色五角星。

步骤 5: 用美甲笔蘸上浅粉色的颜料，给刚才画出的所有五角星勾边。

步骤 6: 为防止指甲油脱落，最后在甲片上涂上一层亮油，等待甲片干透即可。

拥有时尚感的英伦格纹

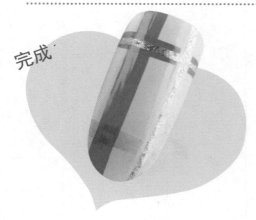

完成

　　格纹图案是通过几条粗线条经过交叉而构成的，在构图上是饱满的，所以也是美甲造型常用的画图手段。格纹能给人一种简洁而时尚的感觉，适合穿着休闲的时候采用。就算线条不够直，也不会影响最后的效果，所以初学者也可以多尝试这种风格。

步骤 1: 甲片涂好底油后，用刷子蘸裸粉色甲油，在甲面上涂上一层裸粉色。

步骤 2: 用美甲笔蘸上浅蓝色颜料，在甲片下方画上一条粗直线。

步骤 3: 用美甲笔蘸上红色颜料，在甲片左侧画出一条跟蓝色直线垂直相交的直线。

步骤 4: 用美甲笔蘸上红色颜料，在甲片上方画出一条和红色直线相交垂直的直线。

步骤 5: 用美甲笔蘸上蓝色颜料，在甲片右侧画出一条直线，要求跟蓝色直线相交垂直。

步骤 6: 最后用蘸取棒蘸上彩色闪粉，沿着红线条和蓝白线条相交的两条直线画出一个十字线。

宣示张扬个性的豹纹

豹纹是时尚界非常喜欢用的一个元素，在美甲造型中也是一样的。豹纹给人一种野性和张扬的个性感，在美甲造型中属于极具个性的图案。豹纹常常用到的色彩有栗色、白色和黑色，画面感丰富饱满，冲击力强。

完成

步骤1: 用栗色银光指甲油将甲片涂两遍，用白色甲油在指尖部位涂一个半月形的弧形线。

步骤2: 用蘸取棒蘸取彩色闪粉，沿着半月弧形线画出一条弧线。

步骤3: 用雕花笔蘸取白色颜料，在栗色区域画出几块白色斑点。

步骤4: 用雕花笔蘸取黑色颜料，对白斑进行勾边，在其他空的地方点几笔黑色斑点。

步骤5: 为了防止指甲油脱落，最后在甲片上用刷子涂上一层亮油。

步骤6: 用镊子取出一颗水钻，在闪光粉弧线上贴上，丰富指甲的美感。

富有层次感的柔和水纹

完成

水纹图案利用几段颜色不同的短线，给画面营造出一种水在流动的感觉。在美甲造型上，水纹图案是比较低调的一种风格，在画功技巧上要求的也不高，花纹图案的关键更多是在线与线的搭配上，非常适合初学者，能给人一种沉稳高格调的感觉。

步骤1: 在已经上好底油的甲片上，用刷子将白色的指甲油刷在甲片上。

步骤2: 用美甲刷蘸取深红色颜料，在甲片上画出几条粗短线。

步骤3: 用美甲刷蘸取黄色的颜料，在甲片上画出两条粗短线。

步骤4: 用美甲刷蘸取浅绿色的颜料，在甲片上画几笔粗短线。

步骤5: 用美甲刷蘸取橘色颜料，在甲片的空白地涂上两笔短粗线。

步骤6: 最后用美甲刷蘸取金黄色金粉甲油，在甲片上画几笔。

清新优雅的法式边

完成

法式画法在美甲造型上是非常流行的一种画法，通过与其他画法或饰品的搭配，可以变幻出各种极具法国时尚风格的图案。最基本的法式画法需要先在甲片上涂一层暖色系的甲油，然后在甲片下方画出一个 U 字形的白色弧线。法式甲片给人一种清新优雅的气息。

步骤 1: 将美甲底油用小刷子均匀地涂在甲片上，然后等待底油晾干。

步骤 2: 将裸粉色甲油用刷子从甲片中间到两侧刷 3 遍，直到白色甲油均匀地覆盖甲片。

步骤 3: 将涂好裸粉色的甲片放在通风的地方，等待晾干。

步骤 4: 用美甲刷蘸取白色颜料，在甲片底部画出一条弧线。

步骤 5: 用雕花笔蘸取白色颜料，沿着弧线勾画，让白弧更圆润。

步骤 6: 为防止指甲油脱落，最后在甲片上涂上一层亮油，等待甲片干透即可。

营造梦幻氛围的甜美碎花

完成

碎花图案在美甲造型中是非常流行的。用雕花笔蘸取红色系颜料，然后从里到外一层层地画出画的形状，在造型上是极具美感的。在美甲中，往往只需在浅纯色的底色上画上几朵鲜艳的花朵，就能使画面洋溢出一种梦幻浪漫的气息。

步骤 1: 在已经上好底油的甲片上，用刷子将粉橘色的指甲油刷在甲片上。

步骤 2: 用雕花笔蘸取红色颜料，在甲片右下方画两朵玫瑰花。

步骤 3: 用雕花笔在甲片其他地方点两笔作为花的花蕊，并确定其他花的位置。

步骤 4: 用雕花笔对刚才点花的图案加绘花瓣，以画钝角三角形的画法来画。

步骤 5: 用雕花笔对甲片上的花进行加工，使得花更形象。如果觉得甲片上的花太少，可以再画几朵。

步骤 6: 用雕花笔蘸取绿色颜料，然后在花的底部画出两片叶子。

错落有致的清新色块

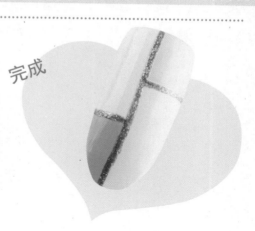

完成

　　色块在美甲造型上是运用得非常灵活的一种画法，只要在甲片上画出几种不同颜色的方格，就可以撑起整个画面。色块看起来非常简单，但它可以通过不同颜色之间的碰撞，表现出风格不一的个性，极具审美性。

步骤1: 在已经上好底油的甲片上，用刷子将白色的指甲油刷在甲片上。

步骤2: 用雕花笔蘸取浅蓝色甲油，在甲片右上方先勾出一个方格，然后往格子内涂色。

步骤3: 用雕花笔蘸取黄色甲油，接着浅蓝色格子往下画一个黄色格子，要求两个格子接在一起。

步骤4: 用雕花笔蘸取蓝色甲油，在甲片左下方画出一个蓝色格子，蓝色格子要比黄色格子小。

步骤5: 用蘸取棒蘸上金黄色闪粉，沿着格子的边缘画出格子线。

步骤6: 为防止指甲油脱落，最后在甲片上涂上一层亮油，等待甲片干透即可。

Chapter 3

第三章
美甲进阶贴饰画法

　　如果你拥有一定的美甲基础，渴望得到进一步的专业技能提升，本章将全力帮助你！在掌握了扎实的美甲绘画基础以及色彩的巧妙应用之后，要提升善于发挥创意运用各种贴饰的能力，来做出丰富多彩的美甲造型。

俏皮清爽的配色，清新的小雏菊也能大放异彩，甜美升级！

选择这些颜色可以打造这款美甲，注意要选择釉面色泽温和的甲油才能完成噢！

薄荷绿
让人一见倾心的颜色

　　薄荷色带来清爽的视觉感受，不仅能借助清新的冷调中和偏红的手部肤色，还具备色彩延展属性，塑造纤长的手指。如果你希望指尖看起来清爽简洁，一定不能错过薄荷色。

完成

步骤1: 以薄荷绿色指甲油作为底色，均匀涂抹整个甲面。

步骤2: 用点珠棒蘸取白色波点状亮片依次粘在甲片右下方呈圆弧状。

步骤3: 继续蘸取白色波点状亮片，依次粘在甲面左上方及左侧中央。

步骤4: 以同样的手法将白色波点状亮片呈花朵状均匀的粘在甲片空余处。

步骤5: 将白色波点亮片围成的大小一致的花朵均匀的粘在整个甲面上。

步骤6: 最后用点珠棒蘸取金色亮钻，依次点缀在白色花朵的花心处。

突出指尖细腻立体度的蕾丝

完成

每个女生心中都藏着一个公主梦，蕾丝是表现公主气质必不可少的元素，再搭配俏皮可爱的波点，更显女生对于公主梦的情愫。

步骤 1: 将底油用小刷子均匀地涂在甲片上，等待底油晾干。

步骤 2: 用白色指甲油刷满甲片，从中间到两侧均匀刷三遍。

步骤 3: 在甲尖部分刷上红色指甲油，刷的颜色厚重一点。

步骤 4: 用点花笔蘸一点黑色甲油，点在甲片的空白处。

步骤 5: 用镊子取一条蕾丝，粘在红色和白色甲油的交界处。

步骤 6: 最后在甲片上涂上一层亮油，让美甲颜色更亮丽也更持久。

整体提亮甲尖光泽度的水钻

若觉得只涂甲油不够亮眼，可以在美甲中运用水钻，增添甲尖的闪光点，提亮甲尖光泽度，在阳光下能更显闪耀。

完成

步骤 1: 将底油用小刷子均匀地涂在甲片上，等待底油晾干。

步骤 2: 用小刷子蘸红色甲油，刷在甲片 1/2 处到甲尖部分。

步骤 3: 用小镊子取一颗蓝色的水钻，贴在甲片中间。

步骤 4: 再在第一颗水钻的左右两边，分别贴上两颗白色水钻。

步骤 5: 在水钻的左右和下方，分别贴上金色的小珠子。

步骤 6: 最后在甲片上涂上一层亮油，让美甲颜色更亮丽也更持久。

亮钻的点缀让指尖更具光泽感，简单的组合也不会黯然失色！

光泽感强的亮粉甲油能提亮整体亮度，修饰手部肤色暗沉。

极具少女感的粉红色美甲

粉色
少女心爆棚的颜色

诠释着甜蜜、浪漫的粉色拥有无法抗拒的甜美，让少女心发挥到极致。粉色美甲不仅能平添柔美气质，还能让你拥有人人羡慕的纤纤玉手，是营造浪美约会气氛的首选。

完成

步骤1：以白色甲油作为底色，均匀的涂抹在甲面上。

步骤2：蘸取粉色闪粉甲油，在甲面左侧画出两道纵线，中间留空。

步骤3：蘸取粉色闪粉甲油，在甲面右侧以同样手法画出两道纵线。

步骤4：用彩绘笔蘸取金色闪粉甲油，沿左侧纵线边缘勾勒出轮廓。

步骤5：继续蘸取金色闪粉甲油，同样沿右侧纵线边缘勾勒出轮廓。

步骤6：用点珠棒蘸取粉色菱形亮片，在甲面的空白处不规则粘贴即可。

增加甲面立体美感的夸张异形钻

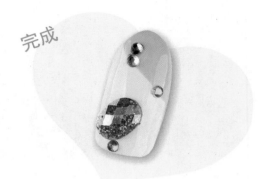

完成

结束了一天工作的严肃拘谨，尽情释放自己的个性。选择大颗的异形钻夸张却不做作，更能增加美甲的立体感。

步骤1: 用白色指甲油刷满甲片，从中间到两侧均匀刷三遍。

步骤2: 用黄色甲油在甲尖斜着刷一条，颜色要均匀。

步骤3: 在甲尖的左上角，即黄色和白色甲油交界处点上胶水。

步骤4: 用小镊子分别取一颗白色水钻和蓝色水钻，竖着贴在甲片上。

步骤5: 再在甲片空白处点上胶水，用小镊子贴上异形钻。

步骤6: 在异形钻的下方和黄白甲油交界处，各贴一颗黄色水钻。

拼凑热情民族风的细腻亮片

完成

    民族风独具特色又不失潮流风范，热情鲜艳的红色底色搭配闪亮的彩色亮片，更是让这份热情延伸到指尖。

步骤 1: 用红色指甲油刷满甲片，从中间到两侧均匀刷三遍。

步骤 2: 在甲片下方先贴五片亮片，确定图案的大致形状。

步骤 3: 在之前定好的五个点间，用亮片连接起来，做成 M 形。

步骤 4: 用点花笔取红色亮片，按照 M 形，贴在白色亮片的上一排。

步骤 5: 按照同样的方法，取一些黄色亮片，在红色亮片之上再贴一排。

步骤 6: 最后在甲片上涂上一层亮油，让美甲颜色更亮丽也更持久。

大胆的色块拼接，对比强烈的配色，碰撞出玩味波普风！

用饱和度高与饱和度低的甲油更易打造出视觉反差感哦！

色块拼接打造波普风美甲

玫红色
妩媚与柔美兼具的颜色

完成

　　用玫红色点缀甲面，是提亮整体造型的点睛之笔。明度高的颜色让双手更显纤细柔美，无论是妩媚装扮还是甜美造型都能胜任。

步骤1：蘸取紫红色甲油，在以天蓝色打底的甲面上方画出一个倒三角形。

步骤2：以蓝色甲油画一个正三角形与紫红色三角形相连，并以同样手法接着画。

步骤3：蘸取蓝色甲油，在甲面上方沿边缘描出一条半弧状细线。

步骤4：分别蘸取紫红色与蓝色甲油，画出均等的相连三角形，注意留空。

步骤5：用彩绘笔蘸取绿色甲油，将一部分空余三角形填充完整。

步骤6：用点珠棒蘸取大小不一的两钻，由大到小依次粘贴在甲面下方。

流露不羁个性的三角铆钉

完成

没有炫彩的甲油涂色，只是在透亮的底油上点缀棱角分明的铆钉，看似普通，却能在挥舞手指的不经意间，流露独具个性的优雅。

步骤 1: 将底油用小刷子均匀地涂在甲片上，等待底油晾干。

步骤 2: 在甲片的中间偏上的位置，点上两点胶水。

步骤 3: 在点了胶水的地方，按照不同方向贴上两个三角铆钉。

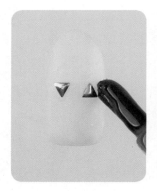

步骤 4: 分别在两个三角铆钉的左右两边和中间点上胶水。

步骤 5: 在点了胶水的地方，分别贴上三颗金色的小珠子。

步骤 6: 最后在甲片上涂上一层亮油，让美甲颜色更亮丽也更持久。

为指尖带来趣味的海洋贝壳

完成

　　清新的海洋风不一定要用湛蓝的海水来表现，巧妙利用贝壳饰品绘制，绝对能带来不同以往的海洋风气息。

步骤 1: 将底油用小刷子均匀地涂在甲片上，等待底油晒干。

步骤 2: 用蘸了黄色甲油的雕花笔，按照甲形在甲片上画一个圈。

步骤 3: 用黄色甲油刷在圈的外侧部分填满颜色。

步骤 4: 用雕花笔蘸一点红色甲油，在黄色甲油的内边缘画一个圈。

步骤 5: 在甲片正中间点上胶水，贴上一颗贝壳饰品。

步骤 6: 在贝壳上下各点上胶水，分别贴上一颗白色的水钻。

缤纷的色彩交融于指尖，一种随性的闲适娓娓道来。

用高亮度的甲油打造美甲，更能迅速提升吸睛指数！

缤纷色彩的美甲迸发清新活力

亮橘色
迸发清新活力的颜色

完成

亮橘色是暖色系中最温暖的颜色，具有明亮、华丽、健康的色感，对指甲有很强的塑造性。亮橘色美甲不仅能衬托细嫩白皙的肌肤，还能赋予你健康的气色与光泽。

步骤1: 用橘色甲油在以白色打底的甲面上，填充上下方的1/3处。

步骤2: 用彩绘笔蘸取黄色甲油，在中间白色处描出不规则的纵向线条。

步骤3: 蘸取蓝色甲油，同样在白色处描出线条与黄色线条重叠交错。

步骤4: 蘸取橘色甲油，以同样的手法描出长短不一的线条叠加在上。

步骤5: 用点珠棒蘸取金色方形亮片，沿橘色色块交界处粘贴并留出一定间隔。

步骤6: 用小镊子蘸取金色小钢珠，在方形亮片的间隔空余处依次粘贴。

分割撞色的花样金属贴线

完成

　　大胆鲜艳的选色，再用金属贴线勾勒出撞色间的明显分割线，使得甲面色块分明，给人干净利落的感觉。

步骤 1：用白色指甲油刷满甲片，从中间到两侧均匀刷三遍。

步骤 2：用红色甲油和蓝色甲油分别画两条斜线，确定填色区域。

步骤 3：在确定好的区域内，填满红色和蓝色甲油。

步骤 4：在甲尖的空白部分，用雕花笔填满黑色甲油。

步骤 5：在各种不同颜色的交界处，贴上金色细线。

步骤 6：最后在甲片上涂上一层亮油，让美甲颜色更亮丽也更持久。

为甲面增添酷感装饰的金色铆钉

完成

　　个性十足的条纹美甲，甲尖部分改用大片的上色，改变纯粹条纹的习惯套路，在甲尖部分，一颗酷感十足的铆钉胜过无数颜色。

步骤1: 将底油用小刷子均匀地涂在甲片上，等待底油晾干。

步骤2: 用白色甲油刷满甲片，从中间到两侧均匀刷三遍。

步骤3: 用红色甲油刷在甲片的1/2偏上方到甲尖部分，刷满颜色。

步骤4: 用蘸了红色甲油的雕花笔，在空白处中间偏上处画一条横线。

步骤5: 间隔一定距离，在底部再画一条红色的横线。

步骤6: 最后在甲尖点上胶水，贴上金色的铆钉即可。

独具风情的图腾与精雕细琢的配饰，是你旅行度假时的制胜法宝！

避免用亮度太高或过于沉重的色调与玫红色搭配才不会掩盖它的张力。

演绎万种风情的异域风美甲

玫红色
妩媚与柔美的颜色

完成

　　明亮度极高的玫红色缀于指尖，是提亮整体造型的点睛之笔，高亮度色泽让双手更显纤细柔美，无论是妩媚装扮还是甜美造型都能 hold 住！

步骤 1: 蘸取白色甲油，在紫色的甲面上画出一个矩形。

步骤 2: 用橘色甲油在白色色块上下方画两道横块，再用玫红色甲油紧贴橘色描两道横线。

步骤 3: 用彩绘笔蘸取黄色甲油，在甲面白色色块中点处画一个菱形。

步骤 4: 用彩绘笔蘸取蓝色甲油，在黄色菱形两侧画出对称的箭头状图案。

步骤 5: 蘸取黑色甲油，勾勒出蓝色箭头的轮廓并各在中间描一条细线。

步骤 6: 蘸取橘色甲油，沿黄色菱形的边缘点出形似火焰状的花边。

步骤 7: 用彩绘笔蘸取酒红色甲油，沿不同色块交界处依次描出横线。

步骤 8: 用镊子镊取金色链状配饰，在橘色色块中部分别横向粘贴。

排列出多种可能性的金属圆珠

完成

白色与黄色相搭配，各包裹一半的甲面，省去繁杂的雕花设计，即使简简单单也有不一样的韵味。金色圆珠点缀，简单又不乏细节的精致。

步骤1: 将底油用小刷子均匀地涂在甲片上，等待底油晾干。

步骤2: 用白色指甲油刷满甲片，从中间到两侧均匀刷三遍。

步骤3: 用黄色甲油将甲片中间1/2处到底部全部刷满黄色。

步骤4: 在甲片底部的中间位置，点上一滴胶水。

步骤5: 贴上六颗金色的小珠子，排列成三角形状。

步骤6: 最后在甲片上涂上一层亮油，让美甲颜色更亮丽也更持久。

让美甲图案更丰富的蝴蝶结贴花

完成

白色与红色条纹的碰撞，让指尖尽显年轻时尚之感，而金银贴花的点缀，如画龙点睛一般让整个美甲造型更加温婉可爱。

步骤1: 将底油用小刷子均匀地涂在甲片上，等待底油晒干。

步骤2: 用白色指甲油刷满甲片，从中间到两侧均匀刷三遍。

步骤3 用雕花笔取一点红色甲油，在甲尖部分画四条竖线。

步骤4: 用金粉与透明甲油混合，在竖线的顶端描一条细线。

步骤5: 用小镊子取一个蝴蝶结，贴在细线的中间位置。

步骤6: 最后在甲片上涂上一层亮油，让美甲颜色更亮丽也更持久。

明暗对比突显蓝色质感，半弧形状更显双指修长！

色度偏低的黄色与白色甲油的衬托使宝蓝色更具有表现力。

诠释高贵的宝蓝色法式美甲

宝蓝色
全是高贵典雅的颜色

宝蓝色是一种非常纯净鲜亮的蓝色，具有强烈的视觉表现力，在美甲中能表现出女性高贵、自信和淑女的气质，不论是妙龄少女还是职场达人都能驾驭。

完成

步骤 1: 用蓝色甲油在以白色打底的甲面上填满 1/2 的区域，以弧线为界。

步骤 2: 用棉签蘸取蓝色闪粉，点在蓝色色块上直至铺满整块区域。

步骤 3: 用彩绘笔蘸取黑色甲油，沿蓝色色块边缘勾勒出一条弧线。

步骤 4: 用点珠棒蘸取金色小亮珠，粘贴在黑线的中点偏右侧。

步骤 5: 继续用点珠棒蘸取金色亮珠，粘贴在黑线的中点处。

步骤 6: 最后蘸取一颗小亮珠，紧贴着中心亮珠的左侧粘贴。

营造指尖奢华度的珍珠贴饰

完成

手握一杯散发清香的红茶，享受着悠闲的下午茶时光，指尖搭配典雅的珍珠贴饰美甲，充满无限的浪漫与奢华。

步骤 1: 将适量的绿色和白色甲油滴在调色盘上调出嫩绿色。

步骤 2: 用小刷子蘸取嫩绿色甲油，涂在甲尖处，下方呈现弧形。

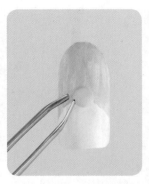

步骤 3: 在嫩绿色和白色甲油交界处，贴上一颗珍珠饰品。

步骤 4: 在珍珠饰品的周围，贴上四片金色的铆钉。

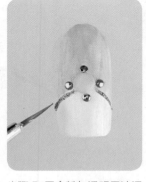

步骤 5: 用金粉与透明甲油混合，在两种甲油的交界处描一条细线。

步骤 6: 在珍珠饰品周围，即亮片的中间，贴上四颗金色的小珠子。

打造浓郁罗马风的复古宝石

完成

　　复古宝石充满了罗马风情，它那灵动的蓝色在亮油的覆盖下更具光泽，金色珠子的环绕使得整体更为精致，灵气十足。

步骤 1: 先将指甲过长部分剪掉，用打磨条磨出想要的形状。

步骤 2: 将底油用小刷子均匀地涂在甲片上，等待底油晾干。

步骤 3: 用白色指甲油刷满甲片，从中间到两侧均匀刷三遍。

步骤 4: 在甲片的下方点上胶水，贴上一颗复古宝石饰品。

步骤 5: 在复古宝石饰品的周围贴一圈金色的小珠子。

步骤 6: 最后在甲片上涂上一层亮油，让美甲颜色更亮丽也更持久。

以热烈红色为主的甲款使用格纹和水果
元素中和掉艳俗，带来清新感，细碎亮
片闪亮夺目。

红绿甲油相搭迸发
无限生机，闪粉的加入
更夺人眼球！

为气质加分的浆果色美甲

浆果色
让人气质满分的颜色

完成

不如西瓜红那样张扬艳丽，也不及酒红色那样深沉厚重，复古味十足的浆果红有着别样的气质，在约会及典礼宴会都能使用。既烘托出一种优雅得体的气质，又表现出一种感性的魅力。

步骤1: 用彩绘笔蘸取红色甲油，在以白色打底的甲面上方画出一个锐角。

步骤2: 蘸取红色甲油，在空白处以同样的手法画出两个方向不一的锐角。

步骤3: 继续蘸取红色甲油，在左下方再描画出一个锐角作樱桃的枝梗。

步骤4: 在甲面左上方，用蘸有红色甲油的彩绘笔描画一小段括弧线条。

步骤5: 用彩绘笔蘸取绿色甲油，在红色枝梗的顶端分别描绘出叶片。

步骤6: 用点珠棒蘸取红色圆形亮片，粘贴在枝梗的末端即可完成。

刚柔并济的心形铆钉

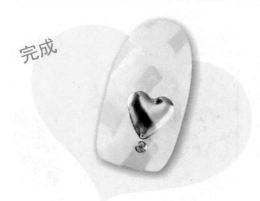

完成

充满浪漫气息的心形铆钉，仿佛让我们看到了美丽可爱的梦幻公主。刚柔并济的心形铆钉和少女系的蓝白甲油相搭配，怎能不让人心动。

步骤1: 将底油用小刷子均匀地涂在甲片上，等待底油晾干。

步骤2: 将适量的蓝色和白色甲油滴在调色盘上调出天蓝色。

步骤3: 在甲片上刷一层蓝色甲油，在表面画上白色斜线。

步骤4: 用蘸了白色甲油的刷子，往反方向再画几条斜线。

步骤5: 在甲片中间点上胶水，贴上心形铆钉。

步骤6: 在心形铆钉的下方，贴上一颗金色小珠子。

点亮美甲的星星贴饰

完成

数字元素很自然让人联想到球服之类的运动风，它是青春活力的代表，若再简单利用一些小饰品，会使指尖更加活泼闪亮。

步骤1: 将底油用小刷子均匀地涂在甲片上，等待底油晾干。

步骤2: 用雕花笔蘸一点蓝色甲油，在甲片上点出图案的位置。

步骤3: 用蘸了蓝色甲油的雕花笔，连接各个定点，描出数字73。

步骤4: 用蘸了红色甲油的雕花笔，在甲尖边缘处描一条红色细线。

步骤5: 在数字3的上方点一滴胶水，贴上星星饰品。

步骤6: 最后在甲片上涂上一层亮油，让美甲颜色更亮丽也更持久。

当耀眼的红色遇上野性的黑白豹纹，让你成为 party 中最闪亮的焦点！

用饱和度极高的经典色彩组合打造出吸睛无数的潮范儿！

成为视觉焦点的豹纹图案美甲

正红色
让人脱颖而出的颜色

　　奔放而浓烈的正红色是明亮度和饱和度最高的颜色，既可以打造热情活力的款式，又可以展露高贵浪漫的气质。如果不甘于在人群中黯然失色，那一定不能错过鲜亮的正红色。

完成

步骤 1: 将红色甲油在以白色打底的甲片上下方的 1/4 处填满。

步骤 2: 用红色甲油在中间白色部分的两侧画出两条紧贴边缘的细线。

步骤 3: 用彩绘笔蘸取黑色甲油，在白色部分画出不规则的豹纹图案。

步骤 4: 用点珠棒蘸取金色钢珠和银色亮钻，沿金线依次均匀粘贴。

步骤 5: 用金色闪粉甲油，沿白色方形色块的边缘勾勒出轮廓。

步骤 6: 用点珠棒蘸取银色亮钻，粘贴在金色方框的四个角上。

增添神秘色彩的方形宝石

完成

　　果冻美甲带来果冻般的晶莹剔透感，令手指显得水润动人，蓝绿色的甲油加上方形宝石的搭配，又增添一丝高贵和神秘的感觉。

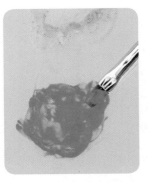

步骤 1: 将适量的蓝色和绿色甲油滴在调色盘上调出蓝绿色。

步骤 2: 用蓝绿色甲油刷满甲片，从中间到两侧均匀刷三遍。

步骤 3: 确认好方形宝石饰品在甲尖的位置，并点上一滴胶水。

步骤 4: 用小镊子取方形宝石饰品，贴在甲尖的胶水上。

步骤 5: 在方形宝石饰品的下方，贴上一颗金色小珠子。

步骤 6: 最后在甲片上涂上一层亮油，让美甲颜色更亮丽也更持久。

满足少女心的水果软陶

完成

　　水果是展现小清新的最好元素，看到水果造型的美甲后，仿佛烦闷的心情瞬间被融化，选择这种造型的女生，都有一颗简单又可爱的少女心。

步骤 1: 将底油用小刷子均匀地涂在甲片上，等待底油晾干。

步骤 2: 用白色指甲油刷满甲片，从中间到两侧均匀刷三遍。

步骤 3: 用黄色甲油刷将甲片基本涂满，下方留出些许空白。

步骤 4: 在甲片右下方点上胶水，确定水果软陶的基本位置。

步骤 5: 用小镊子取一个水果软陶，贴在刚才点好的胶水上。

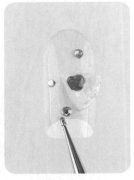

步骤 6: 在水果软陶的周围，贴上三颗颜色不同的水钻。

画面感十足的图纹彰显与众不同，抒写个性宣言！

具有金属反光特性的甲油，能更突出甲片的质感哦！

创造个性风尚的拉链图案美甲

黑色
打造百变造型的颜色

或冷酷黑暗、或高雅大气，神秘黑色最能演绎亦柔亦刚的中性魅力，从极致性感到高雅时尚无所不能。饱和度极高的属性更能衬托出白皙肤色，是必备的百搭利器。

完成

步骤1:以银色甲油为底色，均匀地涂抹在甲面上。

步骤2: 蘸取黑色甲油，在甲面下方描出一个线条略弯的锐角。

步骤3: 蘸取黑色甲油，将锐角以上的左侧部分填色完整。

步骤4:继续用黑色甲油将右侧部分也填充完整。

步骤5:剪取适当长度的拉链贴纸，借助镊子粘贴在黑色与银色交界处。

步骤6:继续用镊子取拉链贴纸，在交界线与顶点处进行粘贴。

让甲面具有活力的树脂点心饰品

完成

少女系的嫩粉色搭配造型感十足的树脂饰品，无论在哪个季节都能代表夏天的十足活力，给你无与伦比的好心情。

步骤 1: 将底油用小刷子均匀地涂在甲片上，等待底油晾干。

步骤 2: 将适量的白色和红色甲油滴在调色盘上调出粉色。

步骤 3: 用粉色指甲油刷满甲片，从中间到两侧均匀刷三遍。

步骤 4: 用白色甲油在甲片下方的 1/4 处不规则涂刷。

步骤 5: 在甲片中间偏右的地方点上胶水，确定好树脂饰品的基本位置。

步骤 6: 用小镊子取一个树脂饰品，贴在点好的胶水上。

古灵精怪的立体眼睛贴饰

完成

　　搞怪的立体眼睛，是否让你回忆起儿时的玩具和动画片？充满童真趣味的饰品，带你回到那午后玩耍的童年时光。

步骤1: 用红色指甲油刷满甲片，从中间到两侧均匀刷三遍。

步骤2: 在甲片中间点上胶水，确定立体眼睛的基本位置。

步骤3: 用小镊子取一个立体眼睛饰品，贴在刚才点好的胶水上。

步骤4: 用蘸了黑色甲油的雕花笔，在甲片上描出眉毛和牙齿。

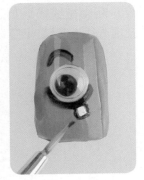

步骤5: 用蘸了白色甲油的雕花笔，将牙齿涂成白色。

步骤6 最后在甲片上涂上一层亮油，让美甲颜色更亮丽也更持久。

Chapter 4

第四章
美甲高阶艺术造型画法

　　把美甲的各种元素进行完美组合，是创作出受欢迎美甲款式的基础，点推技巧打造琉璃纹、断点拉线技巧打造十字纹、晕染技巧打造油画效果……本章将通过培养组合能力和技巧，为美甲赋予艺术感。

琉璃纹展现波西米亚风情

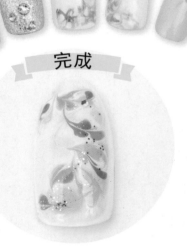

完成

明艳清新的色调，交融叠加的晕染，让人仿佛嗅到一股源自春天的馥郁芳香。

浪漫而具有度假风情的波西米亚甲片个性十足，炫丽的色彩搭配自由推染开的指甲油纹路，宣示着散漫而慵懒的自由意志。

在点推的过程中可以充分地发挥自己的想象力，点推出个性十足的纹路，因为抽象而别致的纹路会更有吸引力。

步骤 1: 用指甲锉将甲片修成圆弧形。

步骤 2: 将白色指甲油作为底色，均匀地涂抹在甲面上。

步骤 3: 用点珠笔蘸取粉色指甲油，在甲片上沿着半弧形状点出波点形。

步骤 4: 蘸取蓝色指甲油，沿着同样的弧度点出均匀的波点。

步骤 5: 蘸取黄色指甲油，同样点出波点，与粉蓝波点相互交错。

步骤 6: 蘸取桃红色指甲油，以同样手法点出均匀的波点。

步骤 7: 用小号彩绘笔的笔尖，以"8"字型的手法将波点交融叠加在一起，呈现晕染感。

步骤 8: 用小镊子取水钻，粘贴在图案之上。

步骤 9: 最后刷一层亮油，让配饰更牢固，颜色更持久。

简约十字纹带来的都市风

完成

耀眼的水钻在出彩的格纹上熠熠闪光，让你轻松成为 party 的闪亮主角！

"时尚的城市风格讲究干净利落，线条结合的十字纹路既简单又具有代表性，以色彩冲撞来引人注目也是个不错的选择。"

线条的画法讲究连贯和干净，所以在描画的过程中要从中间向两端推开，这也是减少失误的小技巧。

步骤1: 用指甲锉将甲片修成圆弧形，以黑色甲油作为基础底色均匀地刷上两层。

步骤2: 用小号彩绘笔蘸取白色指甲油，沿指甲纵向的中心由上到下以由重到轻的力度压笔，形成由粗到细的线条。

步骤3: 以画好的中心纵线为中心，在甲片两侧以同样的画法画出两条白色线条。

步骤4: 根据指甲宽度，以同样点压的方法画出间隔一致的白色横线，与纵线相互交错形成格纹。

步骤5: 待白色指甲油晾干后，用彩绘笔蘸取蓝色指甲油均匀地点在白色线条上。

步骤6: 蘸取黄色指甲油，以同样手法点在线条上。

步骤7: 蘸取红色指甲油，同样错落有致的点在线条上。

步骤8: 将颜色不一、形状不同的水钻粘贴在甲片的左下方，丰富甲片的美感。

步骤9: 为了使配饰与颜色更持久有光泽，最后均匀地刷一层亮油。

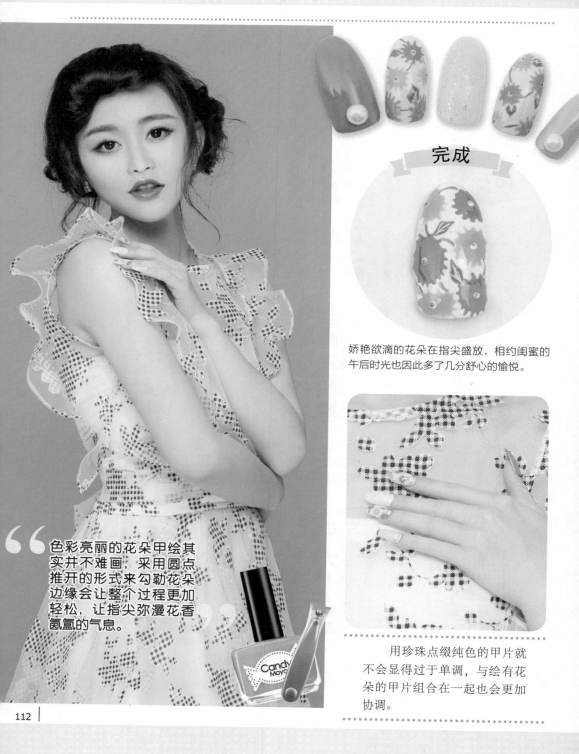

完成

娇艳欲滴的花朵在指尖盛放，相约闺蜜的午后时光也因此多了几分舒心的愉悦。

> 色彩亮丽的花朵甲绘其实并不难画，采用圆点推开的形式来勾勒花朵边缘会让整个过程更加轻松，让指尖弥漫花香氤氲的气息。

用珍珠点缀纯色的甲片就不会显得过于单调，与绘有花朵的甲片组合在一起也会更加协调。

步骤1：用指甲钳修剪甲片，再用指甲锉将甲片的棱角磨成圆弧形。

步骤2：将白色指甲油均匀地涂抹于甲片上。

步骤3：用点花笔蘸取红色指甲油，由上到下沿指甲边缘点出三个大小均匀的波点。

步骤4：蘸取黄色指甲油，在甲片上同样点出均匀的三个波点。

步骤5：在指甲油未干之前，用彩绘笔迅速地将波点向四面拉伸，形成花朵形状。

步骤6：用点花笔蘸取白色指甲油在花朵中心点出花心。

步骤7：蘸取蓝色指甲油在白色中心之上再点出更小的一个波点。

步骤8：用蘸取蓝色的彩绘笔沿花朵边缘在甲片的白色间隙描出叶子。

步骤9：最后在甲片上涂上一层亮油，让甲片颜色更亮丽持久。

完成

娇艳欲滴的花朵在指尖盛放，相约闺蜜的午后时光也因此多了几分舒心的愉悦。

"可爱的水果图案经常会出现在甲绘中，因其甜美可爱的造型让人的心情也会变得甜蜜起来，在恰当的位置加上闪亮的水钻做装饰会让指甲造型更加闪亮。"

Candy Moyo

可爱的小草莓点缀在指甲上非常讨喜，大小不一致的草莓图案会显得更加活泼生动。

步骤1: 用指甲锉将甲片修成圆弧形。

步骤2 将白色指甲油均匀地涂抹在甲片上。

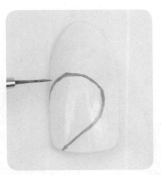

步骤3: 用小号彩绘笔蘸取红色指甲油, 勾勒出草莓形状。

步骤4: 用红色指甲油填充草莓形状的空白处。

步骤5: 用小号彩绘笔蘸取绿色指甲油, 在草莓顶部描绘出根茎。

步骤6 蘸取粉色指甲油, 在甲片左下方描绘出花瓣形状。

步骤7: 用指甲油刷蘸一点闪粉, 轻轻地点在草莓与花瓣上, 提升光泽度。

步骤8: 用小镊子取三颗水钻贴在草莓的右上方, 突显立体感。

步骤9: 最后刷一层指甲油, 让贴饰更稳固, 甲片更有光泽。

勾边花朵体现女性柔情

完成

粉橘的花朵缠绕在指尖，一股绕指柔情无声蔓延，女人味尽显无疑。

浪漫的花朵图案搭配粉色系，增加了指尖的柔美度，如果觉得不够洋气，那么再加入一气呵成的英文单词，让整组指甲柔美中不缺时尚感。

花朵图案与英文单词的组合甲片，中和了花朵过于甜美的感觉，柔美中带点酷酷的气势。

步骤 1: 用指甲钳将甲片修剪成圆润的弧形。

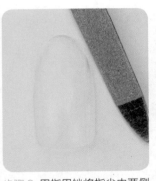

步骤 2: 用指甲锉将指尖由两侧向中间磨出稍尖的弧度。

步骤 3: 在甲片上均匀地涂抹一层白色指甲油。

步骤 4: 用小号彩绘笔蘸取橘色指甲油，沿甲片边缘在上方与下方勾画花瓣形状。

步骤 5: 蘸取橘色指甲油，在甲片上方与右边同样勾画出花瓣。

步骤 6: 用粉色与橘色指甲油分别填充花瓣形状。

步骤 7: 用小号彩绘笔蘸取黑色指甲油，用稍带荆刺感的波浪状线条勾勒花瓣。

步骤 8: 蘸取黑色指甲油，在花瓣内部轻描出细细的花蕊。

步骤 9: 最后涂上一层亮油，让甲片颜色更亮丽也更持久。

同色系格纹平衡视觉美感

完成

富有浓郁英式英伦风的美甲款式，让你在惬意的下午茶时光里尽显优雅与精致。

> 用同色系深浅线条来进行甲绘创作极具发挥空间，因为色彩相近也不容易出现不协调的错误，同时线条的组合简约大气，如同一道值得专研的数学几何题。

高饱和度的橘色本身就极具吸引力，再加上闪亮的线条装饰如虎添翼，提升了指甲造型的档次，非常值得尝试。

步骤 1: 用指甲锉将指甲前端磨平，使甲片呈现方形。

步骤 2: 在甲片上均匀涂抹一层粉色的指甲油打底。

步骤 3: 用小号彩绘笔蘸取橙色指甲油，在甲片一侧描画一条较粗的纵线。

步骤 4: 用蘸取橙色指甲油的小号彩绘笔在上方画横线，与纵线交叉形成十字。

步骤 5: 蘸取粉色指甲油，在下方画出对称的另一条横线。

步骤 6: 蘸取橙色指甲油，在粉色横线中间描出一条细横线，在甲片另一侧描画一条细纵线。

步骤 7: 蘸取白色指甲油，画出间隔一致的三条横线与侧边的一条纵线，相交成格纹。

步骤 8: 用小号彩绘笔蘸取金色闪粉在甲片上勾画出纵横相交的一个十字。

步骤 9: 最后涂上一层亮油，让甲片颜色更亮丽持久。

指尖花朵的色彩油画效果

完成

充满热带风情的色彩碰撞与闪耀的配饰交相辉映，让你在度假出游时更光彩夺目！

小面积的晕染涂鸦可以巧妙的"缩小"指甲的面积，让双手的指尖看起来更加纤细动人，蓝色基调的色彩也非常明媚亮眼。

用亮片和水钻来装饰指甲是美甲师经常会用到的技能，点缀亮片的控制力很重要，熟能生巧。

步骤 1: 用指甲锉将甲片前端磨成稍圆润的弧状。

步骤 2: 在甲片上均匀地涂抹一层白色底油。

步骤 3: 用小号彩绘笔蘸取蓝色指甲油，沿甲片边缘勾画出半弧形。

步骤 4: 继续用蘸取蓝色甲油的小号彩绘笔将边缘填充完整。

步骤 5: 用点珠笔蘸取不同颜色的指甲油，点出大小不一的波点。

步骤 6: 用小号彩绘笔的笔尖将波点迅速向外拉伸，相互点染。

步骤 7: 用小镊子取小钢珠，沿蓝色弧度边缘均匀紧凑地粘贴。

步骤 8: 将准备好的黑色小蝴蝶结粘在甲片的左下方。

步骤 9: 用小镊子镊取水钻，粘贴在甲片一侧即可。

充满水墨画意境的花朵图案

完成

清丽明亮的色彩晕染在花朵之中，一股氤氲于江南水乡的诗情画意扑面而来。

类似于中国水墨画写意式的勾勒方法，描绘出来的荷叶图案也是栩栩如生，如同飘荡在西湖一隅的田田荷叶，带来清水濯人心的舒适感。

Candy Moyo

用若隐若现的白色放射性线条点缀的蓝色甲面，看起来像大理石一样光滑润泽，是非常有质感的画法。

步骤 1: 用指甲钳将甲片的前端棱角分别斜剪一刀，接着用指甲锉打磨成圆弧型。

步骤 2: 以白色甲油作为底色，在甲面上均匀地刷上两层。

步骤 3: 选择能蒙化的甲油，用晕染的方式刷在甲片上。

步骤 4: 用小号彩绘笔蘸取绿色指甲油，以不同大小的力度点染在甲面上。

步骤 5: 蘸取黄色指甲油，以同样的手法点在甲面上点染。

步骤 6: 蘸取蓝色指甲油，同样点染在甲面的空白处。

步骤 7: 用小号彩绘笔蘸取适量黑色指甲油，勾画出花朵形状。

步骤 8: 用蘸取黑色指甲油的彩绘笔勾画花心，挑出花蕊。

步骤 9: 最后刷上一层亮油，使颜色更持久有光泽。

挥洒色彩打造清新感油画图案

完成

纵横交织的明快色彩，这样一份随意与自由在水泥森林的都市生活里无疑是一股清新的氧气。

金银亮钻的组合本身就已经足够华丽，所以需要色彩度相当饱满的橘色涂鸦才能镇得住双方的气场，看似随意的背景涂鸦让这份奢华增添一份慵懒，不会让人有难以亲近的感觉。

绿色和嫩黄色都是春天的色彩，象征着希望，这样的色彩搭配也会给人一股积极向上的力量。

步骤 1: 用指甲钳修剪甲片成较为圆润的形状。

步骤 2 用指甲锉将甲片前端磨成稍尖的弧形。

步骤 3: 将白色底油均匀涂抹在甲片上。

步骤 4: 用刷子蘸取少量黄色指甲油，在甲面上随意轻扫。

步骤 5: 蘸取橙色指甲油，以同样手法轻扫甲面。

步骤 6: 蘸取绿色指甲油，同样轻扫甲面，不同颜色叠加交错。

步骤 7: 用刷子蘸取少量闪粉，同样轻扫在甲面上以增加光泽度。

步骤 8: 用小镊子取水钻与珍珠，粘贴在甲面的中下方，让甲片更饱满。

步骤 9: 最后涂抹一层亮油，让配饰更牢固，颜色更持久。

人像简笔画主张复古主义

经典的黑白配色加上俏皮可爱的人像,如此个性率真的你绝对让人眼前一亮!

> 灰色和白色相间的竖条纹虽然简单,但却意蕴十足,与娃娃头造型搭配在一起,典雅复古的气质立刻散发出来。

这款指甲造型放在技巧高阶篇就是因为其简单上手却创意十足,在描绘的时候注意线条干净即可。

步骤 1: 用指甲钳修剪甲片前端两侧。

步骤 2: 用指甲锉将剪片前端磨成稍尖的弧形。

步骤 3: 将白色底油均匀地涂抹在甲片上。

步骤 4: 用小号彩绘笔蘸取少量黑色, 勾勒出头发的形状。

步骤 5: 用蘸取黑色指甲油的彩绘笔填充头发的形状。

步骤 6: 蘸取少量黑色, 描绘人像的眼睛, 挑出睫毛。

步骤 7: 用小号彩绘笔蘸取红色指甲油, 描画出爱心状的樱桃小嘴。

步骤 8: 用小号彩绘笔蘸取金色闪粉, 在黑色头发上描出蝴蝶结, 增加立体感。

步骤 9: 最后涂抹一层亮油, 让图案更具光泽更为持久。

春日花朵图案增添幸福感

完成

朵朵鲜花述说着浪漫的少女情怀，漫步林中小径，指尖犹如缠绕阵阵芬芳。

小巧可爱的小花造型洋溢着浪漫的春日气息，让人心底也变得柔软起来，搭配青黄色的桔梗让空白的画面丰满起来。

以白色为底色的小花图案非常醒目，这种简约的风格看起来会更加清爽，但是如果肤色较黑不建议搭配。

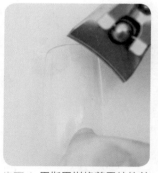

步骤 1: 用指甲钳修剪甲片的前端两侧。

步骤 2: 用指甲锉将甲片前端磨成稍尖的弧形。

步骤 3: 将白色指甲油均匀地涂抹在甲片上。

步骤 4: 用小号彩绘笔蘸取蓝色指甲油，在甲片中上方勾画花朵形状。

步骤 5: 以同样的手法在甲片两侧描画出对称的花朵。

步骤 6: 用蓝色指甲油将画好的花朵形状填充完整。

步骤 7: 蘸取少许黑色指甲油，从花朵下方边缘由上至下描画根茎。

步骤 8: 蘸取黄色指甲油，轻点在花朵中心。

步骤 9: 最后涂抹一层亮油，让颜色更持久亮丽。

完成

黑白经典搭配繁星与波点的元素碰撞，张扬融合内敛，低调中不失熠熠光辉。

黑色的星星图案与白色底色搭配非常具有冲撞力，视觉上给人一种酷炫的感觉，涂鸦风的不那么笔直的线条又增添俏皮的活力风采。

星星涂鸦和大小不一的圆点造型会让整个画面感更生动多变，红色的爱心贴饰让整组黑白色调的指甲不会显得沉闷。

步骤 1: 用指甲钳修剪甲片的前端两侧。

步骤 2: 用指甲锉将甲片前端磨成稍尖的弧形。

步骤 3: 在甲片上均匀地涂抹一层白色底油。

步骤 4: 用小号彩绘笔蘸取少量黑色，在甲片下方画出一条横线。

步骤 5: 用黑色指甲油填充横线下方的白色部分。

步骤 6: 从黑色底部由下至上，描绘大小不一的星星轮廓。

步骤 7: 用彩绘笔蘸取黑色，填满画好的星星形状。

步骤 8: 用蘸取黑色的彩绘笔在星星周围点出大小不一的波点。

步骤 9: 最后涂上一层亮油，让图案更具光泽更为持久。

波浪曲线打造少女系甜美感

完成

波浪线条让充满浓浓少女情怀的粉红波点与蝴蝶结更别具一格，可爱又俏皮。

利用波浪曲线做甲面图案的分界线既有造型感又能增加指甲的趣味性；在纯色的指甲油中加入亮片会让指甲造型更亮眼。

黑色的蝴蝶结图案中间加上金色小珠子点缀，立刻变得生动起来。

步骤 1: 用指甲钳修剪指甲前端两侧。

步骤 2: 用指甲锉将指甲前端磨成稍尖的弧形。

步骤 3: 用小号彩绘笔蘸取白色指甲油, 在甲面下方 1/3 处画一条半弧。

步骤 4: 用刷子蘸取白色指甲油, 将半弧以上的空白处填满 (粉色同样画法)。

步骤 5: 用小号彩绘笔蘸取黑色指甲油, 在色块交界处沿边缘描画波浪线条。

步骤 6: 用蘸取黑色指甲油的彩绘笔在粉色部分勾勒蝴蝶结的形状。

步骤 7: 用黑色指甲油将蝴蝶结的形状内部填充完整。

步骤 8: 用点珠笔蘸取白色指甲油, 在粉色空余处随意点出小波点。

步骤 9: 用小镊子取金色小钢珠, 粘贴在蝴蝶结的中心, 增加立体感。

混搭元素兼具甜美和可爱

完成

浪漫可爱的元素碰撞，丰富饱满的色调融合，午后心情也因此更明朗愉悦。

> 条纹、波点和碎花多种元素混合在一起却不会让人觉得混乱的秘诀就是讲究各种元素的面积划分，将这三种势均力敌的元素进行 1：1 分配，就能带来很好的平衡感。

用甜蜜的糖果系来做混搭会带来冰淇淋般的清爽感，任何色彩的竖条纹与白色搭配都不会显得突兀。

步骤 1: 用指甲钳修剪指甲的前端两侧。

步骤 2: 用指甲锉将指甲前端磨成稍尖的弧度。

步骤 3: 蘸取粉色指甲油,均匀的涂在甲面上。

步骤 4: 用小号彩绘笔蘸取蓝色指甲油,在甲面的 1/2 处画横线并填充。

步骤 5: 用点珠笔蘸取白色指甲油,在蓝色部分点上波点。

步骤 6: 用小号彩绘笔蘸取各色指甲油,在粉色部分以爱心花瓣状画出大小不一的花朵。

步骤 7: 用点珠笔蘸取不同颜色的指甲油,在花朵中心轻点出花心。

步骤 8: 用小号彩绘笔蘸取绿色指甲油,在花朵周围画出叶子。

步骤 9: 蘸取黄色指甲油,在粉色部分点出波点造型。

几何元素塑造优雅都市风

> 将几何元素融入指甲描绘的图案中，让美甲元素变得更加丰富。利用点线结合的方式可以玩出很多不同风格的甲绘造型。

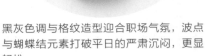

完成

黑灰色调与格纹造型迎合职场气氛，波点与蝴蝶结元素打破平日的严肃沉闷，更显轻松。

在甲面图案分割的地方植入蝴蝶结造型独具匠心，黑白呼应的色彩如同礼服上的小领结般可爱。

步骤 1: 用指甲钳与指甲锉将指甲前端修磨成较尖的弧形。

步骤 2: 将浅灰色指甲油均匀地涂抹在甲片上。

步骤 3: 用小号彩绘笔蘸取黑色指甲油，在甲片中下方画一条横线。

步骤 4: 用黑色指甲油将黑色横线以下的部分填充完整。

步骤 5: 蘸取白色指甲油，在灰色部分描出间隔一致的纵横线，相交成"井"字。

步骤 6: 蘸取黑色指甲油，在白色纵横线上描出四组各自平行的细线，呈"井"字。

步骤 7: 用点珠笔蘸取黑色指甲油，在灰色部分随意点出波点。

步骤 8: 蘸取白色，在黑色与灰色交界的中心点出一点作蝴蝶结的中心。

步骤 9: 用小号彩绘笔蘸取白色指甲油，在黑灰交界处画出两个三角形，形成蝴蝶结。

创意涂鸦任意发挥想象空间

完成

充满热带风情的色调让人仿佛置身于火辣辣的夏天，度假出行时绝对抢眼！

"如同泼墨式的炫丽色彩涂鸦具有随意感，就像街头一隅的涂鸦墙可以让人充分发挥想象，搭配金属色装饰物做点缀，让这份自由意志更加潇洒。"

Candy Moyo

用指甲油堆叠出的立体小圆点让甲面形象生动起来，将甲面的图案延伸出来。

步骤 1: 用指甲钳修剪指尖前端两侧。

步骤 2: 用指甲锉将指甲前端磨成稍尖的弧度。

步骤 3: 将浅蓝色指甲油作为底色，均匀的涂在甲面上。

步骤 4: 蘸取黄色指甲油，在甲面的上方与下方轻扫两笔。

步骤 5: 蘸取蓝色指甲油，同样在甲面的上下方轻扫两笔，与黄色对称。

步骤 6: 蘸取红色指甲油，点在黄色的两旁与甲面的中心。

步骤 7: 蘸取绿色指甲油，点在中心的红色旁。

步骤 8: 蘸取橘色，在绿色上方与下方点出大小不一的点。

步骤 9: 用小镊子取各色钢珠，粘贴在下方，突显亮度。

色块分割带来高级美感

完成

富有格调的配色与格纹交错，很有欧洲小镇的风情格调。

> 用金色的线条来切割不同的色块，让色彩分割更加自然连贯，而金色方形装饰物绝对是美甲中常用的好帮手。

色块组合并不是像看起来那么随意，合理的色彩搭配才不会显得突兀。

Candy
Moyo

步骤 1: 在甲面上均匀地涂抹一层幼粉色底油作为底色。

步骤 2: 用小号彩绘笔蘸取紫色，在甲面的左上方画出一个直角。

步骤 3: 用紫色指甲油将直角内部的色块填充完整。

步骤 4: 蘸取白色指甲油，在甲面右方画横线，左方画纵线。

步骤 5: 蘸取白色指甲油，将下方画纵线的区域填满。

步骤 6: 蘸取蓝色，在白色部分描画长短不一、相互交错的"十"字。

步骤 7: 蘸取红色，以同样手法描画"十"字，与蓝色格纹叠加交织。

步骤 8: 用剪刀剪取金边，用小镊子将金边粘贴在紫色与白色色块的边缘。

步骤 9: 用小镊子镊取铆钉与小钢珠，纵向粘贴在紫色部分。

元素拼接合并多元风格

完成

半透明的质感让双手显得柔嫩白皙，海军条纹与波点的碰撞迸发随性自由的气息。

几何图案作为美甲的基本元素可以画出不同的风格，经典横条纹与波点的强强联合打造出可爱俏皮的美甲款式。

经典的蓝白条纹采用斜线分割的方法能够让指甲看起来更加纤长，能很好地修饰圆扁的指甲。

步骤 1: 用指甲钳和指甲锉将指尖修磨成扁平的方形。

步骤 2: 用小号彩绘笔蘸取白色指甲油,在甲面上描画一条对角线。

步骤 3: 用白色指甲油将对角线以右的部分填充完整。

步骤 4: 蘸取红色指甲油,在白色交界处的中心向左画一条斜线。

步骤 5: 用红色指甲油将红色斜线以上的部分填满。

步骤 6: 用小号彩绘笔蘸取蓝色指甲油,在白色部分描画间隔一致的横线。

步骤 7: 蘸取黑色指甲油,在红色部分点出均匀的波点。

步骤 8: 用小号彩绘笔蘸取金色闪粉,沿白色与红色边缘描画。

步骤 9: 用小镊子夹取水钻,粘贴在甲面中心交界处。

Chapter 5

第五章
精致美甲的场合应用

　　出席不同场合会制定相应的穿搭风格，那么美甲风格是不是也应该根据场合进行一些改变呢？不管是约会，还是生日派对、晚宴、聚会……都有与之对应的美甲方案，为场合特别设计的精致甲款，从指尖细节彰显独特品位。

下午茶遇上清新法式美甲

下午茶不仅能促进好友之间的情感也能很好地为自己补充能量，柠檬图案能让英式红茶充满香气，也让你看上去更为精致。

半透明的质感让双手显得柔嫩白皙，椭圆形的甲型可以悄悄增长手指，让端着咖啡杯的手看上去更为优雅。

创意大爆炸

清新的配色和应景的图案让你对下午茶的胃口大开，也更愉快。

 操作流程

 步骤 1: 用白色甲油均匀地涂抹在甲面上，作为底部背景。

 步骤 5: 待柠檬黄色的甲油晾干后，再用没调过色的甲油勾边。

 步骤 2: 大概以 1：2 的比例调制黄色和白色甲油，得到柠檬色。

 步骤 6: 用雕花笔在柠檬周围画上几片柠檬的叶子点缀。

 步骤 3: 用雕花笔轻轻地将甲油搅拌均匀，避免产生气泡。

 步骤 7: 用绿色甲油加上蓝色甲油调和后，在画好的叶子上勾边。

 步骤 4: 将调好的颜色在甲面上大致画出柠檬的位置和形状。

 步骤 8: 最后在甲片上涂上一层亮油，让美甲颜色更亮丽也更持久。

烘托生日派对氛围的混搭元素美甲

生日派对就需要热情奔放的甲面图案才能衬托这个热闹的场面，金属饰品的反光特性会让你成为整个派对最闪耀的明星。

黑色和黄色搭配就像暗夜里的星星，低调但又隐隐发光，用不那么高调的美甲款式而赢得全场焦点是美甲制胜的重点。

创意大爆炸

黑白格子的简约搭配因为有了金属配饰而熠熠生辉！

步骤 1: 用白色甲油均匀地涂抹在甲面上，作为底部背景。

步骤 5: 取一颗圆形铆钉，用橘木棒将圆形铆钉贴于甲面中心。

步骤 2: 在甲片上方1/2处用黑色甲油均匀涂抹。

步骤 6: 取一个三角形铆钉，沿水平线贴好铆钉。

步骤 3: 待黑色甲油晾干后，用雕花笔画出两条白色的线条。

步骤 7: 在圆形铆钉的另一边贴一个相同的三角形铆钉，拼成蝴蝶结形状。

步骤 4: 画好格子后，用金色亮粉调和甲油，再用勾边笔画出两条金线。

步骤 8: 最后在甲片上涂上一层亮油，让贴饰更稳固，甲面更有光泽。

周末踏青与热带雨林风美甲的邂逅

忙碌了一周的工作，周末踏青前先用美甲缓解自己紧张疲惫的心情，再约家人一起踏青放松，是最好的减压方式。

方形的甲形方便踏青等外出活动的行动，不仅可以戴上美甲去郊游，也可以将周围的美景缩小成为精细的美甲图案。

创意大爆炸

红色的火烈鸟突显美甲的主题，而相互交叠的热带雨林植物丰富了美甲的层次。

步骤 1: 用白色甲油均匀地涂抹在甲面上，作为底部背景。

步骤 5: 红色甲油与绿色甲油调和好后，成为深红色甲油。

步骤 2: 用雕花笔蘸取适量甲油，大致勾勒出火烈鸟的形状。

步骤 6: 用雕花笔蘸取调好的甲油，为花朵和树叶画上细节。

步骤 3: 待火烈鸟图案干透后，用绿色甲油画一些树叶状。

步骤 7: 用黑色甲油画出火烈鸟的嘴巴，大约是细长的三角形状。

步骤 4: 用黄色甲油画出花朵图案，并且勾边。

步骤 8: 再用白色甲油画出火烈鸟的眼睛，让它更逼真有活力。

让海岛度假更休闲的字母元素美甲

一提到海岛，你是不是脑海中就浮现长裙草帽的影子，改变一下思路，让千篇一律的海岛罗马风情立马变成富有活力的休闲运动风！

白红交映犹如热情的海风，随性的字母和海军风条纹让度假心情大好，穿上方便运动的服饰在海边尽情玩耍吧！

创意大爆炸

学会用英文字母表达你的心情，除了甲面上的英文还可以换上你想表达的字母！

步骤 1: 借助修甲工具，将甲片上方直接修成椭圆形。

步骤 2: 为甲片涂上一层营养底油，保护指甲健康也更易上色。

步骤 3: 用白色指甲油均匀地涂抹在甲片上面。

步骤 4: 借助雕花笔在甲面上方先写"P""I""N"三个字母。

步骤 5: 用相同的方法再写出"U"、"P"两个英文字母。

步骤 6: 最后在下方分别写出"G""I""R""L"这四个字母。

步骤 7: 在写好的字母上，调整细节，让字体更美观。

步骤 8: 最后在甲片上涂上一层亮油，让美甲颜色更亮丽也更持久。

突显约会甜蜜氛围的爆米花主题美甲

　　每次与男友约会都要精心地打扮一番，美甲这么能突出细节的部分一定也不能少。如果你还在苦恼约会选什么图案，不如就试试爆米花和可乐吧！

爆米花和可乐是最好的电影伴侣，可爱的造型会成为男友欣赏你的关键，粉蓝色的搭配十分甜美。

创意大爆炸

一桶满满的爆米花图案会让约会甜蜜指数直线上升。

步骤 1: 用白色指甲油均匀地涂抹在甲片上面。

步骤 5: 将白色条纹用黑线也衔接好后,开始画爆米花形状。

步骤 2: 用红色甲油画出竖条,中间预留一个白色长方形。

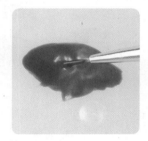

步骤 6: 在等甲油晾干时,用绿色调红色甲油,调成深红色甲油。

步骤 3: 然后用黑色甲油将预留的空白处画出边框。

步骤 7: 慢慢地将爆米花画满,让它们看上去丰富多层。

步骤 4: 再将画好的红色条纹也用黑色线条包好。

步骤 8: 最后用调好色的甲油在甲面中间写上英文字母。

外出野餐搭配应景彩格田园风美甲

　　以野餐的餐布为元素制作美甲，不仅不用绞尽脑汁想野餐时的美甲图案，也能和野餐主题相得益彰。

简单的格纹图案因为有了彩色甲油的装饰而变得可爱又田园，搭配小清新的雏菊让人觉得空气也清新了许多。

创意大爆炸

在雏菊花心上加上笑脸，运用一点小心机表达自己心情的愉悦，既有趣又不失可爱。

------------------------ ♥ 操作流程 ♥ ------------------------

步骤 1: 将底油用小刷子均匀地涂在甲片上，等待底油晾干。

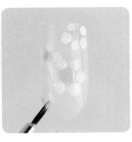

步骤 5: 用相同的方法把最后一朵雏菊画好。

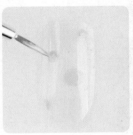

步骤 2: 用黄色甲油将雏菊的大致位置定下来。

步骤 6: 画好所有的雏菊后，用雕花笔将形状都修整整齐。

步骤 3: 用白色甲油将花瓣的框架画下来。

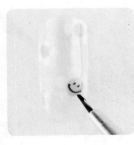

步骤 7: 在最大的那朵雏菊上面，画上笑脸图案。

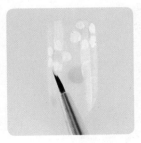

步骤 4: 在画好的花瓣边框里填满花瓣的颜色。

步骤 8: 最后在甲片上涂上一层亮油，让美甲颜色更亮丽也更持久。

在聚会中彰显轻松休闲的彩色拼接美甲

　　闺蜜聚会可以不用太庄重，休闲的衣着和轻松的话题就能让聚会非常愉悦，搭配休闲款式的美甲一定更完美。

图案拼接的样式会让你变得更有亲和力，与闲适的衣着相搭，不突兀且更加精致。

创意大爆炸

图案的拼接让美甲层次更丰富，是突出细节的好选择。

 操作流程 ♥

步骤 1: 白色甲油晾干后，先用大红色甲油画出一个色块。

步骤 2: 用白色和绿色甲油调色，在指甲上方画出淡绿色倒三角形色块。

步骤 3: 将白色和黄色甲油混合调成淡黄色后，衔接淡绿色画一个大色块。

步骤 4: 借助雕花笔用蓝色甲油在空余的地方画上细格纹。

步骤 5: 再用白色甲油在浅绿色色块上画出相同的细格纹。

步骤 6: 在干透的淡黄色块上点上小红圆点。

步骤 7: 以相同方法在红色色块上点上白色的圆点。

步骤 8: 最后用绿色甲油在红色圆点上画出两片小叶子点缀甲面。

在面试应聘中留下好印象的简约波点美甲

　　面试最重要的就是第一印象，除了得体的着装，一款合适的美甲也能够为你的初次面试加分。

黑白配色让甲面变得简约干练，搭配金属配饰，会给别人留下精致沉稳的印象。

创意大爆炸

黑白条纹井井有条，三角形铆钉也会给人留下稳重的印象。

步骤 1: 将底油用小刷子均匀地涂在甲片上，等待底油晾干。

步骤 2: 用雕花笔蘸取适量黑色甲油，在甲片两侧边画两条平行线。

步骤 3: 在甲片上下方画两条平行线，与两侧边的平行线衔接成为一个长方形。

步骤 4: 用白色的甲油先将白色条纹的位置定下，间隔要相等。

步骤 5: 用白色甲油在定好位置的白色条纹上加粗，并且修理形状。

步骤 6: 用橘木棒取适量美甲胶水，在指甲下方的位置点上。

步骤 7: 取一颗三角形铆钉，尖头向上，在下方贴稳。

步骤 8: 在甲片上涂一层亮油，让贴饰更稳固，甲面也更有光泽。

融入棒球赛气氛的棒球元素美甲

偶尔看一场球赛不仅能够让身心放松下来，也能感受到球场上洋溢的青春活力，棒球赛上助威一定要配套美甲才更有劲儿呐喊！

棒球元素收纳于五个甲片当中，加上铆钉的配饰，让美甲多了一份硬朗的运动气质。

创意大爆炸

典型的黑白红配色，轻松打造运动棒球风！

------------------- ♥ 操作流程 ♥ -------------------

步骤 1: 将底油用小刷子均匀地涂在甲片上，等待底油晾干。

步骤 2: 用白色甲油均匀地涂抹到修好的甲面上。

步骤 3: 先用黑色甲油在甲面上画上粗细大致相同的条纹。

步骤 4: 画好条纹后，在四角画上四个小圆角。

步骤 5: 用红色甲油在甲面中间写一个"M"字母。

步骤 6: 用橘木棒取适量美甲胶水，将圆形铆钉平行地贴在指甲上方。

步骤 7: 按照相同的方式，将剩下的铆钉贴好。

步骤 8: 最后在甲片上涂上一层亮油，让贴饰更稳固，甲面更有光泽。

参加婚礼用闪亮贴饰美甲见证好友爱情

参加好友婚礼，除了送上最真挚的祝福，也得搭配好得体的衣着，在这种特定的场合里，一款合适的美甲会让朋友知道你的用心。

透明底油和彩钻的搭配，令整个甲面干净怡人，在好友婚礼当天，与一身洁净的衣服搭配相得益彰。

创意大爆炸

错落有致的彩钻，能够从细节体现出你的用心。

 操作流程

步骤 1: 用橘木棒取适量美甲胶水，点在甲面的右上方。

步骤 2: 先将长条形、圆形、三角形铆钉选出并且贴上。

步骤 3: 将彩色的水钻也依次贴在相应的位置上。

步骤 4: 橘木棒点取少量胶水，点于指甲右下方。

步骤 5: 然后在点胶水的位置贴上粉红色的水钻。

步骤 6: 再用甲油在粉色钻旁边点上少许，方便贴圆珠。

步骤 7: 取四个大小相同金属圆珠，贴在粉钻四周。

步骤 8: 最后在甲片上涂上一层亮油，让贴饰更稳固，甲面更有光泽。

在商务研讨会中体现稳重态度的柔和美甲

　　商务研讨与面试一样需要一些相对稳重的美甲款式，既符合这样的场合，又给合作伙伴传达出你的品位与态度。

　　白色和蓝绿色的美甲能够冷静人们的思绪，助你在商务研讨时更如鱼得水。

创意大爆炸

顺畅的线条搭配自然的渐变，让简约的甲面看起来并不简单。

❤ 操作流程 ❤

步骤1: 借助修甲工具，将甲片上方打磨成细长的椭圆形。

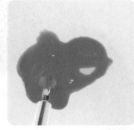

步骤5: 用蓝色和绿色甲油，调出让人冷静的蓝绿色调。

步骤2: 用雕花笔在甲片上画两条斜着的曲线。

步骤6: 用调好颜色的甲油画出与白色曲线交错的蓝绿曲线。

步骤3: 用白色甲油将色块填充完整。

步骤7: 取一根干净的棉花棒，将曲线晕染开来。

步骤4: 用雕花笔将细曲线修理顺滑。

步骤8: 最后在甲片上涂上一层亮油，让甲面更有光泽也更持久。

　　家庭聚餐长辈都会十分关心年轻人的一举一动，选择符合他们心意的甲片款式，让长辈们更喜欢你吧！

喜庆的红色是长辈们最爱的颜色，也会让你的肤色看起来更细嫩白皙，选择这样一款款式与长辈用餐，机智又大方。

创意大爆炸

利用爱心改造成的法式美甲款式，斯文又内敛！

步骤 1: 将底油用小刷子均匀地涂在甲片上，等待底油晒干。

步骤 5: 用白色甲油画出三组平行的斜线条。

步骤 2: 用雕花笔在甲片上点好 5 个点，定出心形位置。

步骤 6: 再画出两组相反方向的平行线条，交织成网状。

步骤 3: 根据点好的白点，连成曲线，爱心形状大致完成。

步骤 7: 为画好的美甲涂上一层快干甲油，节约等待时间。

步骤 4: 用红色甲油在指甲底部填充好色彩。

步骤 8: 最后在甲片上涂上一层亮油，让甲面更有光泽也更持久。

英语角活动里彰显英伦气质的字母美甲

英语角活动不仅能够提升你的英语口语水平，更是一个广交朋友的时机，用一款帅气的英伦美甲，博取国外友人的眼球吧。

以英文字母作为美甲选材，不仅简约，还十分俏皮可爱，随意搭配衣服都能透露出精灵般的英伦气质。

创意大爆炸

光写字母难免会单调乏味，借助色彩点缀，就会别有一番滋味。

------------------------ ♥ 操作流程 ♥ ------------------------

步骤 1: 将底油用小刷子均匀地涂在甲片上，等待底油晾干。

步骤 2: 用白色甲油均匀地涂抹在整个甲片上。

步骤 3: 用雕花笔在适当位置大致画出字母的形状。

步骤 4: 再在画好的位置上，将字母书写完整。

步骤 5: 用红色甲油在一些字母上面点缀。

步骤 6: 用黄色甲油点缀其余字母。

步骤 7: 用黑色甲油将被覆盖的字母边缘刻画清晰。

步骤 8: 最后在甲片上涂上一层亮油，让甲面更有光泽也更持久。

出席晚宴让气质更典雅的纯白系美甲

晚宴是个十分能够彰显个人搭配品位的场合，如果美甲与着装不搭，再完美的着装搭配也会给你的整体品位扣分。

出席晚宴除了一身典雅的礼服，与珠宝相映成趣的美甲款式也是必不可少的细节之一。

创意大爆炸

白色为主的甲片十分百搭，金线则为晚宴美甲点上了最珍贵的一笔。

步骤 1: 涂好底油后，用雕花笔在美甲中间画一个正三角形状。

步骤 5: 以相同的方式，将整个三角形用金线框出。

步骤 2: 用白色甲油均匀地涂抹在除了三角形以外的甲片上。

步骤 6: 在三角形的底部点上胶水。

步骤 3: 剪三段长度相等的金线，贴在三角形底边。

步骤 7: 选取一颗圆润的珍珠贴饰，将其贴上。

步骤 4: 贴好第一条后，第二条一定要按照点来衔接。

步骤 8: 最后在甲片上涂上一层亮油，让甲面更有光泽也更持久。

指甲油的主流色系

裸色系

裸色色调来源于感性的嘴唇和脸庞，与身体和皮肤的颜色很接近，轻薄且透明，在不经意间流露出含蓄的性感魅力。裸色也是一种百搭的甲色，可以和大地色系、经典黑白色系衣服相搭，适合绝大多数中国人的肤色。裸色在约会、职场和正式场合都能使用，容易让甲面显得干净整洁，既可以烘托出一种优雅得体的气质，也可以表现出一种感性的魅力。裸色在时尚界也是非常受欢迎的一种色系。但是如果甲色过于苍白就不要使用裸色系的甲油了，不然只会适得其反。

薄荷色系

薄荷色有点绿，有点蓝，但都非常淡，显得整个色调非常通透，给人冰冰凉凉的感觉。如果在炎热的夏天使用薄荷色甲油，能带给人一种非常舒爽的享受。但对于黄皮肤的中国人来说，色调偏冷的薄荷色需要多和白色单品或衣服相搭配。薄荷色在旅行、约会和聚会等场合都可以使用，能够衬托出一种清新脱俗的优雅感觉，让周围的人对你顿生好感。需要注意的是在搭配薄荷色甲油的时候，不宜与浓妆妩媚的风格相搭配，会给人一种不伦不类的感觉。

荧光色系

荧光色系指甲油主打的创意点是夜间发光。在白天，荧光色指甲油呈现的是糖果色，晚上吸收了光以后就会显示夜光色，吸光越久，发光越亮，在夜间能给人一种非常惊艳迷幻的感觉。夜光色甲油因其迷幻绚丽的效果受到了众多女性的喜爱，特别适合出席夜间活动的时候使用，既能达到受人瞩目的惊艳效果，又显示了自己对时尚的品位。不过，因为荧光色系发光多彩，容易给人造成一种不够成熟的感觉，所以不宜用于正式隆重的夜间场合。

糖果色系

糖果色的创意来源于我们儿时收集的糖纸，色彩艳丽活泼的糖果色让人仿佛找到了青春的色彩。糖果色以粉色、粉蓝色、粉黄色、明艳紫、宝石蓝和芥末绿等甜蜜的女性色彩为主色调，整个色系非常丰富多变，可以根据不同的糖果色搭配不同的配饰，得出的效果也多姿多彩。糖果色用于约会、度假、游玩和参加派对等活动都非常合适，能够让自己的气质迅速融入到快乐的气氛里，而多姿多彩的糖果色也会让你散发出一种阳光活泼的气质，让你在人群中更加亲切可爱。

珠光色系

　　珠光色系在色彩上接近于珍珠白，在通透洁净的色彩中给人一种光洁高雅的视觉享受，被广泛地运用于时尚中。珠光色是一种百搭色系，可以和很多色系配件搭配，特别是对于黄皮肤的中国人来说，可以掩盖甲肉的肌黄色，使得指尖流露出一种珍珠奶白的光彩。珠光色也是比较流行的一种甲油色系，可以在典礼、约会、正式会议、聚会等场合使用，格调高雅，容易提升自己的自信心，给人留下一种优雅高贵的印象，能够给你的社交活动迅速加分。

丹宁色系

　　单宁色是一种偏欧美风格的色调，比较接近于我们平常接触到的靛蓝色。单宁色整体格调优雅大方，能够突显女性的知性美和气质美，在甲油色系中也是较为耐看的一个色系。单宁色可以和多种色调搭配，比如深蓝、翠绿、深黄色等。由于单宁色淡雅简洁的风格，它可以被用于很多活动场合，比如派对、走秀、度假、散步等，既适合在严肃场合显示自身大方优雅的气质，也适合在轻松愉悦的场合里显示自身的平和自由的气质。单宁色不仅适合欧洲女性使用，同样也非常适合东方女性。

炫彩色系

　　炫彩色系的色彩饱满厚重，整体色调偏深，主要有深红、深紫、深蓝等色调。炫彩色系具有的亮色效果，使得指甲油涂抹在指甲上具有非常好的上镜效果，在指尖流露出一种端庄时尚的感觉，非常适合成熟女性和追求时尚感的朋友使用。炫彩色也是一种百搭色系，可以和金色、紫蓝色、玫瑰色等颜色进行搭配，是提升自我格调的一种常用甲油色系。炫彩色可以用于晚宴、舞会、派对等社交活动，让别人感觉到你对该活动的重视程度，还能烘托出一种高贵端庄的女性魅力。

金属色系

　　金属色系是一种反光性非常好的色系，一般主要是银色、灰色和金色色调。金属色指甲油用于指尖，能产生一种金属般的光泽，给人一种高贵优雅的气质，非常适合需要营造强大气场的女性使用。金属色可以和很多色调搭配，但不宜同时使用过多的色调，以免给人造成审美疲劳。有时候只需配以简洁时尚的几件配饰，就可以达到目的。金属色可以用于晚宴、晚会、约会和舞会等活动场合，能迅速提升你的魅力，给人留下深刻的印象，适合知性和艳丽的女性使用。

法兰西色系

　　法兰西是一个浪漫的国家，法兰西色系也自然而然地流露出这种浪漫高雅的气质。法兰西色系大多比较淡雅，主要有裸色、粉色、紫色等色调，运用到指甲油上，可以让你的一举一动都弥漫出一种窈窕淑女的高贵气质。因此，法兰西色系受到了女性大众的欢迎，成为指甲油中的主流色系。法兰西色系可以用于约会、聚会、舞会、旅行等活动，能够尽情释放出女性身上的知性魅力，高雅大方，让你在人群里脱颖而出。法兰西色系适宜搭配淡雅简洁的服饰，在打扮上不宜过于花哨。

奶茶色系

　　奶茶色系的色彩接近于奶茶，整个色调圆润饱满，给人一种自然温馨的感觉。奶茶色指甲油用于指尖，可以让手指看起来更加秀美，让人散发出一种清新迷人的气质。奶茶色可以和很多色系搭配，而且在春夏季节，可以表现出一种清新自然的气质，在秋冬季节可以表现出一种温暖可人的气质。奶茶色既可以表现女性的知性美，也可以表现女性的清新可爱美，受到女性的普遍欢迎。奶茶色可以用于聚餐、约会、散步、上班等场合，既大方又可人。

粉芋色系

　　粉芋色在色调上整体偏于粉紫色，属于中性的暖色系，在美甲中，可以让你的手指显得更加纤细柔美，突出了一种女性的明艳和感性美。粉芋色可以和很多暖色调的配件进行搭配，容易制造出一种迷幻艳丽的视觉感受，时尚女性常常使用。粉芋色也是一种容易让人动情的色系，在约会中，被使用得非常多，可以显露女性身上妩媚动人的一面，给对方留下深刻的印象。当然，粉芋色也可以表现出一种可爱温柔的女性美，在派对、聚会和游玩中都很常用。

咖啡色系

　　咖啡色属于中性暖色色调，看似杏色也带浅啡，在时尚界和白、黄、橙、绿等几个颜色一样，也是一个基本色，被广泛地运用。咖啡色是百搭色，既可以和较为深沉的偏冷色调搭配，也可以和大块的暖色系搭配。咖啡色甲油涂抹在指尖，能给人一种优雅、朴素、庄重而不失雅致的气质，可以用于正式的工作场合和各种舞会、晚宴、典礼活动中。值得注意的是，皮肤偏黑的朋友，并不一定适宜使用咖啡色甲油，容易让咖啡色的气质沉下去，不宜突出含蓄优雅的气质。

贝壳色系

贝壳色在色彩上接近浅肤色，透着一种贝壳般的白色光泽，给人一种沉静典雅的感觉。贝壳色作为一种时尚界用来搭配各种色块的主要色系，在美甲中可以和多种色调的配饰进行搭配。特别是偏白的贝壳色特别适合皮肤偏黄的女性，在中国女性中也特别流行，有一种自然含蓄的东方美感。贝壳色可以用于各种工作正式场合，以及一些舞会和出游活动，即使在陌生人中，也可以让你容易被人接受，好感陡增。如果你不喜欢张扬霸气艳丽的色系，贝壳色将会是你非常好的伙伴。

红磨坊色系

红磨坊色是一种非常饱满迷人的红色，与妖艳的玫瑰红不同，红磨坊色显得更加优雅迷人和大方。也许是得源于法国著名品牌红磨坊的影响，红磨坊色流露出了一种欧洲女性的浪漫和优雅，时尚与个性同在。红磨坊色在搭配上多和一些暖色调、色彩冲击力较强的色块搭配，用于美甲上，自由奔放的浪漫气息扑面而来。红磨坊色可以用于盛装出席的晚宴，也可以用于约会和酒吧等场合，可以突出你自身浪漫不失优雅的气质，亲和力和魅力指数都大升。

浆果色系

浆果色是一种非常迷人的色彩，在色调上偏于紫色，色彩饱满，视觉上极富冲击力。浆果色甲油具有修缮你的指甲的作用，不仅让指尖变得更迷人，而让你散发着一种高贵华丽的气质，成为不少女性的最爱。浆果色在时尚界运用得非常广，特别是不少明星走秀，都会选择浆果色，既能彰显自身高贵的气质，又保留了一层神秘感，配合金属配饰和冷眼服饰，可以迅速抓人眼球。浆果色可以用于出席盛会、舞会、走秀等活动，让你在人群中与众不同，秀出你的个性。

苔色系

苔色在色调上整体偏绿，接近于薛苔的颜色，是自然绿中较为耐看的一种绿色。苔色系指甲油用于指尖，可以让指尖不容易褪色和变色，可以和多种颜色进行搭配，碰撞出一种时尚典雅的气质。苔色容易让人联想到绿色的植被，在炎炎夏日中，给人带来一种清爽舒适的感觉，在夏季的时候非常适合使用。当然，苔色还可以用于派对、约会和旅行等活动中，给人一种舒畅自然、大方迷人的感觉，很好地突出了女性感性和清新的一面，让你在人际活动中获取良好的印象。

新派色系的运用方法及未来趋势

漆白色

运用方法：

漆白色不同于以往轻薄透明的白色珠光甲油，在色彩表现上更加饱和。纯白的色彩表现适合作为指甲的主要色彩，再配以流动简单的色彩线条或者金属饰品，给人一种简洁大方、优雅不俗气的气质。

未来趋势：

漆白色作为百搭色系，不仅可以与多种色彩相搭配撞出不同的感觉，也非常容易搭配各种时尚装饰打扮，对女性气质具有极强的塑造性，势必能够在未来不断变化的时尚界中，制造惊喜。

薄荷绿

运用方法：

薄荷绿是一种非常舒服清爽的绿色，色彩表现柔和，特别适合大色块地运用在美甲上。由于薄荷色的色调偏冷，将其和橙色甲油以法式造型相配，可以制造出一种摩登柔美的感觉，非常时尚动人。

未来趋势：

薄荷色中性偏冷的感觉，非常适合搭配偏暖的色调，整体给人柔美清纯的感觉。对于未来偏于女性温柔风格的时尚设计中，可以广泛运用，给女性带来独属于自己的魅力。

玫瑰红色

运用方法：

玫瑰红色彩饱满，极具视觉表现，能够迅速衬托出女性身上高贵艳丽的气质。将玫瑰红以流体或点状来塑造甲面，可以避免甲片整体玫瑰红给人的视觉压力，再配以浅粉色的甲油，更富艺术魅力。

未来趋势：

玫瑰红在时尚界是非常受宠的，它非常适合表现女性张扬、自由的个性，可以和很多极具个性的时装产品相搭配。玫瑰红在美甲造型中的运用将会越来越节制，在间接的构图中自然点缀可以增加其表现力。

裸色

运用方法：

裸色接近于皮肤的颜色，色彩饱和，表现素雅，适合低调优雅的女性使用。将裸色和灰色以"阴阳脸"的方式结合在一起，是现在美甲设计师非常喜欢的撞色设计，既丰富了甲面的色彩，也增强了优雅的气质。

未来趋势：

被誉为"好莱坞裸妆皇后"的 Bobbi Brown 曾宣称"裸妆永远不会落伍，它精致纯粹、优雅迷人，总是看上去摩登感十足"。自然无瑕的肌肤，是每个时代的女人的终极底妆，裸色恰恰表现了这份美的自信，对裸色的运用将会越来越丰富。

宝蓝色

运用方法：

宝蓝色是一种非常纯净鲜亮的蓝色，具有强烈的视觉表现力，在美甲中能表现女性高贵、自信和淑女的气质。宝蓝色适合涂满甲面，可用色彩的渐变或搭配适当的闪粉丰富蓝色。在简洁的构图里更能突出蓝色的气质。

未来趋势：

不仅仅是美甲，在很多妆容和服饰中都加入了宝蓝色元素，宝蓝色长期以来都是时尚圈中大放异彩的颜色。宝蓝色在未来美甲的造型中，将会运用得越来越精致，可放大可收缩，与个人的气质更加吻合。

烟灰色

运用方法：

烟灰色相比普通灰色更有层次感和质感，有种灰色、白色、银色和黑色相混合的感觉，用于指甲上独具时尚气质。烟灰色适宜涂满指甲，走简洁优雅的路线，不宜与过多的颜色搭配，容易破坏烟灰色的气质。

未来趋势：

烟灰色独特的色彩表现给不少人带来了惊喜，可以搭配暖色服装，在整体打扮上也是以简洁大方为主。在不断强调繁华的时尚界，烟灰色精致细腻的色彩与简洁时尚的服饰相搭配，让人显得气质非常高雅和摩登。

淡粉色

运用方法：

淡粉色是一种淡淡的粉红色，色彩饱和，在美甲中是表现女性浪漫温柔气质的常用色。淡粉色是百搭色，可以和多种深色甲油相搭配，在构图上可以选择法式和线条式等简约风格，不同的撞色更能彰显你的个性。

未来趋势：

淡粉色一直以来都是女性非常喜欢的一种颜色，特别是在春夏季节，可以与春夏装相搭配，营造出一种青春、活泼、温暖的气氛。将来，淡粉色在美甲时尚界中依然走俏，淡粉色斑点、线条、格子等形状将更受女性喜爱。

橙色

运用方法：

橙色是暖色系中最温暖的色彩，给人欢快活泼的感受。在美甲造型中，橙色无论是和偏冷的蓝绿色还是偏暖的紫红色，都能撞出别样风味。橙色不宜涂满整个甲面，加入其他颜色可以使得甲面更有层次感，表现更细腻。

未来趋势：

橙色具有明亮、华丽、健康的色感，对指甲具有很强的塑造性，与各种时尚饰品相搭配，具有很高的融合性，是女性日常较为常用的颜色。未来，橙色在甲片上的运用面积有缩小趋势，其点睛之笔的作用更加明显。

捕捉全球美甲趋势

珠光宝气

奢华的风气近年来在时尚界倒是一直没停过，珠光宝气美甲就是这种华丽风格的代表，可以迅速提升女性的气场。珠光宝气美甲能制造出指尖非常炫目的效果，满足了不少女性追求华丽夺目的需求，并且有不断走俏的趋势。

编织效果

具有法国情调的优雅气质一直是不少女性梦寐以求的，它具有一种持久耐看的美感，编织效果美甲就是这种优雅风格的代表。编织效果美甲满足了不少女性追求浪漫与优雅的幻想，并且也深受异性的欢迎，这也决定了编织效果美甲的受众面将会越来越广。

双色渐变

单色系美甲已经完全不能满足女性对美甲的要求，由此双色渐变美甲渐渐成为了美甲的新宠。双色渐变效果流露出来的是一种清新自然的风格，满足了女性追求变化的需求。双色渐变洋溢出的青春气质，注定了它将在年轻女性中走俏。

鸭掌形美甲

挑战传统是时尚界最喜欢做的事情，最近在美甲界一夜爆红的鸭掌形美甲就是一款打破传统的代表。鸭掌形美甲特别突出了宽阔的甲片，在造型上具有先声夺人的视觉效果，满足了不少厌倦传统美甲风格的女性的需求，可以预见，这款美甲将会走红。

3D 银粉

电影界的 3D 风潮也吹到了美甲界，不少美甲设计师都纷纷推出了主打 3D 效果的美甲造型，而 3D 银粉就是这类风格的佼佼者。3D 银粉有着非常耀眼饱满的立体感，满足了女性在时尚追求中标新立异的心态，这款美甲也会随着 3D 风潮越刮越猛。

大理石图案

大理石图案衬托的是女性典雅和高贵的气质，其艳丽的玫瑰色和晕染出的图案，使得指尖充满了艺术感。大理石图案在造型上有着自然又不失细节的特色，对于美甲达人，完全能满足她们对造型的苛刻要求，随着它在美甲达人建立的口碑效应，这块美甲也将越来越流行。

水墨印染

近些年，中国风在时尚界的影响越来越深，连美甲也不能例外。水墨印染就是中国风的代表，它突出了一种江南女性的温柔古典气质，同时吸收了西方绘画的技巧，满足了女性对异域风情的需求。未来，这款美甲在东西方女性中将渐渐流行起来。

撞色条纹

人们永远无法知道色彩表现能力的极限，它们总在给我们制造惊喜，主打撞色风格的造型也是美甲界常见的一种风格。最近，撞色条纹就是这种风格的代表，将不同色调以条纹状表现，的确让人眼前一亮。撞色条纹蕴含了多种可能性，它将在女性不断使用后更受欢迎和流行。

雨林猛兽

自然界一直给时尚界带来创意灵感，雨林猛兽派美甲就是从动物身上获取创意灵感的代表。此派美甲具有非常强烈炫目的色彩，如变色龙和蜥蜴纹美甲造型，让人联想起神秘又迷人的动物，满足了女性在美甲上对神秘感的需求，其受欢迎程度会越来越广。

斑斓水生

海洋是一个神奇又斑斓的世界，有无数艺术家将目光投到了海洋。在美甲界，近来挂起了一股斑斓水生潮流，无论是在色彩还是在造型上，都从海洋生物身上获得了惊人的效果，比如紫红鳞和海蓝渐变美甲，让人爱不释手，可以预见这种风格的美甲将会被运用得越来越广泛。

黑色金属

哥特风格一直是小众艺术，但随着这些年大众品味的变化，哥特风格越来越受人们欢迎。在美甲界中，黑色金属就是彰显哥特风格的代表，将金属与铆钉元素结合在一起，具有非常抢眼的效果，满足了女性对哥特风的需求，在追求个性的美甲界将会越来越走红。

前卫涂鸦

前卫涂鸦在美术界是常见的一个词汇，其大胆、冒险、张扬的绘图风格受到一批年轻人的喜爱。前卫涂鸦美甲继承了这些特点，将各种颜色以夸张的线条涂在指甲上，给人一种强烈的艺术感，极具个性，一经推出就深受年轻女性的欢迎，走红程度在未来也会越来越高。

狂野狩猎

对于热爱冒险、向往自由的女性朋友，小家碧玉和清新简洁的风格并不适合她们，她们更钟情狂野。狂野狩猎美甲极大满足了这类女性的需求，从斑马、虎纹、豹纹等动物斑纹上获取灵感，效果强烈，其狂野的纹理风格更突显女性的品位，在追求个性的时尚界会越来越走俏。

创意皮革

如果你的指甲能长出青草，这是一件多么富有想象力的事情。最近在美甲界，渐渐流行起创意皮草美甲，让你的指甲多了像是草皮、棉花糖，还有亮片点缀等的特色图案，给人留下非常深刻的印象，满足了女性对美的需求，其时尚性和可玩性决定了创意皮草美甲能走越远。

几何彩绘

几何彩绘美甲以利落的线条给指甲带来独特时髦感，让清新的颜色看起来更酷，尤其适用于搭配深色而线条简单的冬季外套，在线条的统一和质感的混搭方面做到完美和谐。几何彩绘风格以其简洁时尚的风格受到了白领女性的欢迎，已经显示出越来越走俏的趋势。

铿锵蕾丝

亦性感亦哥特的蕾丝风格在时尚界非常走红，铿锵蕾丝美甲就是美甲界此类风格的代表。它十足的女性气息和精致的风格与美甲相遇，可谓天作之合。铿锵蕾丝美甲满足了女性对哥特、摇滚风格的需求，既无比和谐，又能化冷硬为冷艳，在女性美甲群体中越来越流行。

春季的甲油选色法则

万物复苏的季节，色彩已经从沉寂的冬季慢慢露出了枝头，把握好春季最具代表性的色彩，成为春季时尚达人指日可待。

淡黄色系： 淡淡的黄色系指甲油像是春日温和的暖阳，它不会像柠檬黄那样刺眼突出，浅浅的黄色恰好能够表现春季的柔和感。

最佳搭配色：　　●嫩草绿　　象牙白　　　错误色系：　　●中国红　●宝石蓝

> 嫩草绿和象牙白与淡黄色系的指甲油搭配，会马上给人春意盎然的感觉，还能够提亮肌肤光泽，但是如果是肌肤偏黄的女性要慎选这个色系。

> 类似中国红或者宝石蓝这类饱和度很高的鲜艳色彩搭配淡黄色本已经差了几个明度与饱和度，这样的对比会让淡黄色显得很脏，影响甲面效果。

淡粉色系： 淡粉色系指甲油犹如春日里的花朵一般甜美柔嫩，它是春季最有女人味的颜色，特别适合与男友约会时选择，会为你的肤色与甜美的气质加分不少。

最佳搭配色：　　●粉蓝　　●薄荷绿　　　错误色系：　　●姜黄色　●枣红色

> 甜美的粉红遇上粉蓝或者薄荷绿仿佛是一首春日交响曲，轻盈的色调搭配春日的开衫或者雪纺裙子都是很不错的指甲油色彩组合。

> 类似姜黄色和枣红色这些略带着棕色调的暗色系非常不适合淡粉色系，一是会让整体颜色显得很脏，二是粉色会因为这种很脏的色调变得很廉价。

浅绿色系： 春季肯定少不了嫩绿的枝芽以及破土而出的嫩草，它必然是春季主打色中的佼佼者，无论是充满香气的薄荷绿还是可爱甜美的果绿色，都会让人心旷神怡。

最佳搭配色：　　●浅绿色　　奶咖色　　　错误色系：　　●桃红　●电光蓝

> 用相同色系来搭配就可以制造出清新的渐变甲，也不会觉得十分突兀；而搭配奶咖色会让浅绿色变得很温柔，使得这个色系不仅仅是小女生的专属色彩，也能成为知性女性的选择。

> 偏荧光色系的桃红或者是电光蓝，这样明度超高的色彩若是搭配柔和的淡绿色系，会立刻降低几个灰度，也会让浅绿色系看上去没有了生机，十分邋遢。

浅紫色系： 浅紫色系仿佛是一个冬季延续的梦，从寒冷的季节过渡到温暖的春季，冰冷的蓝与暖暖的黄相结合就形成了介于它们中间的淡紫色系。

最佳搭配色：　　●樱花粉　○珍珠白　　　错误色系：　　●咖啡棕　●墨绿色

> 樱花粉和浅紫色系的指甲油搭配会让女人味发挥到极致，带着小女人的甜美又有些许神秘浪漫的气质，而走日韩系的女生搭配珍珠白也很贴切春日主题。

> 浅紫色系和浅粉色系一样会对带有棕色的指甲油十分敏感，比如咖啡棕以及墨绿色，它们会让整个甲面看起来黯淡无光，也会让肌肤显得蜡黄无比。

春季各种色系服装与甲色的搭配

奶昔黄：奶昔黄虽然没有柠檬黄和荧光黄那么艳丽夺目，但也有它的活泼温暖性。它犹如一杯芒果奶昔，甜美而又耐人寻味。

薄荷绿：最具春天味道的薄荷绿代表着生命的颜色，在这植物复苏的季节，介于蓝色与绿色中间的薄荷绿无疑是小清新色彩的代言人。

樱花粉： 春末夏初，日本的樱花吸引着全球的游客。在这个花海的季节，来一抹花的色彩也会让你的心情大好，虽然没有去赏樱花，但指尖的樱花粉已经能让人着迷。

香芋紫： 每位女性都有一个公主梦，香芋紫绝对能满足女性对公主梦的憧憬。十足的梦幻感与甜美度不会因为是香芋紫而觉得幼稚，还隐约透露出一种淑媛的气息。

丹宁蓝: 如今的丹宁与其说是一种面料更不如说是一种新色调,它既秉承了牛仔的帅气随性,但也有蓝色的沉稳内敛,丹宁蓝绝对是一种很好的中性色调。

蒂芙尼蓝: 蒂芙尼蓝配上珠宝,就能赋予蒂芙尼的高贵典雅的气质;而当它遇上款式活泼的服饰单品,色调又尤为轻快明亮。这就是蒂芙尼蓝的魅力,犹如春季的天气明媚可人。

夏季的甲油选色法则

夏季是一个色彩跳跃的季节，鲜艳的色彩会让人们在炎热的夏日心情骤然变好！掌握夏季甲彩秘诀，作为一个时尚潮人，你已经成功一半了。

水果红色系： 夏日是水果的季节，从水果中提炼出来的色彩不仅能够提亮肤色，还会让人有垂涎欲滴的感觉，比如西瓜红、车厘子红都是当季的流行趋势。

最佳搭配色：　　●葡萄紫　●柠檬黄　　　错误色系：　　●黑色　●灰色

水果的颜色会让人愉悦，它们搭配在一起也能传达出美好的心情。水果红色系搭配葡萄紫，偏成熟的女性也能体现一些俏皮感，而如果你本来就是比较活泼的性感女性，那么搭配柠檬黄再好不过了。	炎热的夏季就是需要用色彩的调色盘降低自己内心的燥热，黑色与灰色在小面积上搭配水果红色系的指甲油是允许的，但是所占比例太大会给人更加邕热的感觉，夏季还是建议选择清爽色系这类的安全牌。

橙黄色系： 橙黄色系更像夏季的阳光，是一个在夏天不得不选择的色系。从柠檬黄到橘黄都是充满维生素 C 的色彩，既健康又充满活力，搭配夏季的服饰刚刚好。

最佳搭配色：　　●咖啡色　●晴空蓝　　　错误色系：　　●普蓝　●姜黄色

想要沉稳又不失活泼感的美甲效果可以选择橙黄色系搭配咖啡色；相反，表达活泼开朗的美甲搭配晴空蓝最合适不过，就犹如夏日万里晴空下的向日葵一样灿烂。	黄蓝这组相反色，如果调配不当就会让整个甲面看起来很邋遢，比如橙黄色搭配黑色偏多的普蓝。而姜黄色虽然与橙黄色都算是黄色系，但是同样含有较多的棕色和黑色成分，两者结合也会显得不干净。

亮蓝色系： 在夏季蓝色也十分受欢迎。电光蓝和晴空蓝就是蓝色系的代表，它们鲜艳的色彩最能表达热情洋溢的夏季风情。

最佳搭配色：　　●桃红色　●大红色　　　错误色系：　　●豆沙红　●黑色

既然选择了亮蓝色系就应该大玩撞色波普风，可以选择同样明度与纯度都很高的桃红色或者大红色的指甲油搭配，各种抽象的几何图案最适合这类色系搭配的指甲油彩绘。	沉闷的色系搭配在夏季一点也不推崇，除了特殊场合所需。用亮蓝色搭配豆沙红和黑色给人进入冬季的错觉，搭配夏装不仅会突兀也给人难以呼吸之感。

糖果色系： 缤纷的糖果色系是近几年兴起的色彩，不仅运用于服装，就连指甲油也要求糖果色系的加入，糖果粉、流沙紫等都成为夏季最受欢迎色号。

最佳搭配色：　　●薄荷绿　●蒂芙尼蓝　　　错误色系：　　●军绿色　●墨蓝色

糖果色系之间就能够互相搭配，如果觉得这样太没新意，可以选择马卡龙色系，薄荷绿等这些小清新的色彩会让你的美甲看起来秀色可餐。	军绿色和墨蓝色这类比较黯沉的色系，一是在风格上就不能统一，二是颜色搭配明度落差太大，所以同时出现在一个甲面上尤为不合适。

夏季各种色系服装与甲色的搭配

　　面对热到头晕的夏季，着装上一定要做些改变来改善自己的心情。不论任何季节那种让人眼前一亮的感觉都离不开色彩搭配，夏季也不例外。有些艳丽的色彩你不敢尝试穿着，可以用指甲油代替着装，这些小小的改变也会让你有一个好的心情。

西瓜红： 西瓜红相对夏日的火辣的太阳更让人舒服，不刺眼的明媚色系就像西瓜一般清甜可口、水润多汁，配上这颜色的指甲油能让肤色更好。

车厘子红： 从车厘子上提取的颜色和车厘子如出一辙，它可以很成熟典雅，也能活力十足，就像车厘子能够延缓衰老又充满丰富的维生素一样让人不可抗拒。

橙黄： 黄色是最活泼的色系，橙黄或许没有荧光黄那么张扬，但也能让人心情愉悦，它就是夏季里的向日葵，灿烂亮眼。

电光蓝： 电光蓝是最近 T 台上兴起的一种颜色，它既不像大红大绿那样刺眼，也没有黑色那样沉闷，这种不深不浅的色调吸引了许多人的喜爱。

糖果粉：糖果色、马卡龙色以及冰淇淋色都是夏天大热的色系，而糖果粉是里面最常见的一种，因为它足够甜美也足够有女人味，所以十分受欢迎。

钻玫红：钻玫红虽然明度很高，但也没有荧光色那么高调，它能把女性的柔美与俏丽体现得淋漓尽致。

秋季的甲油选色法则

秋季因为有了缤纷的美甲加入，让这个色彩单一的季节不会因为一季落叶而变得暗淡。

暖铜色系：秋季肌肤容易干燥黯沉，挑选类似流沙铜这种暖金属色系作为指甲油重点，淡淡的金属光芒能够解决秋季皮肤的通病，让肌肤恢复白皙光泽。

最佳搭配色：　　●冷峻灰　●黑色　　　　错误色系：　　　○银白色　●中国红

　　想要铜色系变得有质感就要选择比较深沉的颜色，例如冷峻灰或者黑色，它们会更加突出金属的光泽以及质感，让你的甲片看起来十分有品位。

　　银白色本身就带着闪耀的光泽，当这两种颜色相遇会让美甲十分刺眼，从而降低指甲油本身的质感；而铜色系如果搭配了中国红，除非是过年期间会显得喜气洋洋外，其他季节使用则会显得十分俗气。

橙黄色系：大地色系的指甲油好比秋季的色彩代言人，因为它的色调非常契合秋季的主调，所以大地色系在秋季被运用得及其广泛。

最佳搭配色：　　●祖母绿　●深浅驼　　　错误色系：　　　●电光蓝　●钻玫红

　　想要将大地色系的色彩玩转得很有生机，就需要搭配绿色系的指甲油，祖母绿这类比较偏暖的绿色是配上大地色系最和谐的绿色；而深浅驼色本身就属于大地色系，用它们可以打造美轮美奂的渐变美甲款式。

　　电光蓝和钻玫红这类纯度很高的指甲油如果与大地色系相搭配不仅不会达到活泼的效果，还会让颜色变得很不相融，让指甲油没有体现出它们该有的质感。

高级色系：灰色是最能突显质感的一种指甲油色，它作为中性色调能够与其搭配的指甲油色及其广泛，在秋季这个讲究质感的季节，不能错过的指甲油色彩非高级灰色系莫属。

最佳搭配色：　　●黑色　●香芋紫　　　　错误色系：　　　●亮橙色　●荧光黄

　　黑、白、灰三色的经典搭配无可厚非，黑、白两款指甲油不仅能够突显高级灰的质感，也能显示你的品位；而浪漫的香芋紫搭配高级灰色系的指甲油会让这种冷峻的色系多了些许迷人的女人味。

　　灰色虽说是中性色，但是在搭配时还是要多加小心。例如亮橙色、荧光黄这类与灰色系跨越了几个甚至几十个明度的色彩还是避免为妙，除非是小面积的运用，要不会显得整个甲面非常不和谐。

黄绿色系：类似祖母绿、墨绿这些偏暖的绿色调被视为秋季的生命色系，它们能够让人忘记秋季的萧瑟，也会叫人期待春季的到来，在秋季看到这样的绿色指甲油是十分养眼的。

最佳搭配色：　　●摩卡色　●姜黄色　　　　错误色系：　　　●复古红　●豆沙红

　　因为绿色偏暖色调，所以都会有点黄棕色的成分在里面，搭配摩卡、姜黄色的指甲油会非常和谐且倍感舒适。

　　黄绿色系的指甲油搭配不当会很容易给人很脏且很没质感的感觉，本来绿色和红色这组颜色相搭就很不合适，如果黄绿色系的指甲油再搭配复古红或者豆沙红这类比较暗的红色系，不仅不会让肌肤变得晶莹剔透，还会将肌肤黯沉问题放大。

秋季肌肤容易黯淡深沉，不妨来玩一场色彩游戏，让衣着和美甲来提亮你的肤色，就算在干燥的秋季肌肤也能光彩夺目。

祖母绿：比薄荷绿降一个调子的祖母绿在秋季更为适合，它相比枯黄的秋季更有一丝生气蓬勃的感觉，而搭配低调的大地色也不会觉得刺眼。

靛蓝：靛蓝像是秋季的夜空，静谧深邃。它相对电光蓝的个性张扬，低调内敛的气质更受成熟女性的欢迎；此外，靛蓝也带有复古英伦的气息。

薰衣紫： 一听到薰衣紫，一股浪漫的普罗旺斯气息扑鼻而来，看到这一抹紫色时也会让人心生爱慕，这就是浪漫而又充满香气的神秘女人色。

中灰： 中灰是最经典的中间色，或者暖心或者冷酷。没有一个色调能将商务与休闲、温柔与帅气演绎得刚刚好，除了中灰色。

摩卡色： 摩卡色起初看上去不是那么显眼，但它是一杯味道香醇的咖啡饮品，白色与棕色结合得刚刚好，就犹如奶与咖啡的比例是那么恰到好处，耐人寻味，是一种不朽的经典色。

朱古力： 朱古力色调带着些许的调皮气息，但也能扮演内敛的角色，就犹如秋季，有着萧瑟的秋风，但也有慵懒的阳光。

冬季的甲油选色法则

如果说秋季是一望无际的大地色系，那么冬季的银装素裹会让人觉得更加单调。挑选好冬季的指甲油色彩，让沉寂的冬季变得活泼跳跃起来。

裸色系：裸色系的指甲油会让冬季被冻得苍白的肌肤看上去比较健康，也会突显肌肤的水嫩度，所以在冬季出现会更为合适。

最佳搭配色：　●珊瑚粉　○米白色　　　　错误色系：　●糖果粉　●朱古力色

> 珊瑚粉和裸色系这两种色系都十分接近肤色且轻薄透明，它们相互搭配会在不经意间流露出含蓄的性感女人味；而搭配米白色这类素雅的色系，会让肤色更加白皙粉嫩。

> 裸色十分百搭，被誉为"第二黑色"，它没有特定的错误色系，但是如果皮肤黝黑又比较黯沉的女性就要十分注意裸色与糖果粉或者朱古力色的搭配，因为它会让皮肤看起来更黯沉、更憔悴。

红色系：除了黑色、咖啡色，公爵红和正红这样温暖又喜气的颜色也是冬季指甲油的首选，它能够让色彩单一的冬季变得活跃起来。

最佳搭配色：　●公爵兰　○珍珠白　　　　错误色系：　●橄榄绿　●黄棕色

> 有光泽的珍珠白能够让红色看起来十分有质感，也能够为肌肤增添必要的光泽感；而搭配公爵蓝透露出复古的气息，与冬天简洁的毛呢大衣搭配天衣无缝。

> 红色本是很洋气的指甲油色系，但是与橄榄绿或者是黄棕色的指甲油相互搭配则会让红色看起来很老土，十分影响个人品位。

紫色系：冬季盛行紫色系毛呢大衣，当然也少不了紫色系的指甲油。例如星空紫、贵族紫、莓果紫等紫色，都会在冬季出现在人们的视野里，它们也是承托肤色的首选。

最佳搭配色：　●宝石蓝　●银色　　　　错误色系：　●土黄色　●芥末绿

> 紫色系和宝石蓝搭配是最能显示贵族气息的色彩组合之一，在冬季如果穿上奢华系的大衣可以考虑这组色彩搭配；而银色与紫色搭配会让紫色变得更加奢华有质感，也是紫色系指甲油最佳首选搭配的指甲油色。

> 紫色与黄色是相反色系，如果明度相同的情况下搭配还能有跳跃以及撞色的潮感，而搭配土黄色这类偏暗、偏棕色的指甲油会让紫色看上去十分廉价；紫色搭配芥末绿也会造成邋遢之感，所以在用到紫色系时最好避免这两种颜色。

金属色系：冬季的外套和大衣大多都是黑色或者灰色这类暗黑色系，为了点亮它们，很多配饰都会选择金属制作的，而略带金属光泽的金属色系指甲油也成为了冬季时尚的焦点。

最佳搭配色：　●黑色　●裸粉色　　　　错误色系：　●莓果紫　●樱桃红

> 黑色是最能突出金属光泽的色彩，也是最百搭的指甲油色彩之一，用它搭配金属色系的指甲油不仅提高了时尚敏锐度，也无形中增加了酷感；如果你走甜美风又想尝试金属色系，建议搭配裸粉色，它不仅能让你甜美度依旧，还能给你更白皙粉嫩的肌肤。

> 金属色系属于比较冷峻且比较奢华的色彩，如果搭配纯度较高的水果色系，比如莓果紫或者樱桃红会给人格格不入的感觉，如果把想搭配紫色或者红色，换成高贵紫或者酒红色更为合适。

冬季各种色系服装与甲色的搭配

凛冽寒风让冬季十分沉闷，无论是厚重的外套还是暗淡的色彩都会给人心里带来阴霾。冬季其实也是色彩控们发光发亮的季节，挑选好单品和指甲油来驱散冬天的迷雾吧！

裸色： 裸色系的指甲油会让冬季被冻得苍白的肌肤看上去比较健康，也会突显肌肤的水嫩度，所以裸色在冬季出现会更为合适。

正红： 也许有人会心生疑惑，正红那么艳丽的色彩不出现在夏季而是冬季？这或许与中国的新年有关，一个好彩头与一个好气色，正是冬季过年所需，因此正红在冬季也最受欢迎。

公爵红： 公爵红相比车厘子红多了更多的黑色素，它更适合冬天，暗色调虽然厚重但也出彩，在突显服饰质感的同时也能更显尊贵。

公爵蓝： 现在的公爵蓝不只是英伦贵族的专属色，休闲的毛衣与廓型大衣上也出现不少公爵蓝的身影。当然，女性指尖的那一抹蓝更让人动心。

摩卡色: 暗钻黑不同于普通的黑色,它黑暗中带着些许光芒,可谓是低调又华丽的颜色,比普通的亚光黑色更显气质与品位。

胜银色: 近年来土豪金等金属色迅速流行,胜银色有它独特的光芒,有金属般的光泽却不刚硬,有着胜银色的单品都时髦前卫,再加上个性的胜银色指甲油就更完美了。

Chapter 6

第六章
选对甲色为服装造型
画龙点睛

色彩是美甲的灵魂，是整体色彩形象中重要的部分，甲色与服饰构成和谐的色彩关系，这样看起来才是最完美的。学会根据甲色来制定衣服风格，将缤纷甲色与服饰恰当搭配，是迅速提升造型感的关键！

白色甲油让艳色穿搭更纯粹

最具包容的白色几乎能与所有颜色相搭展现出不同的气质，在它的衬托下，其他色彩会显得更鲜丽、更明朗。不用担心不够百变，纯真与诱惑、帅气与柔美都是白色的性格。用极简主义白色诠释巧妙的穿搭，让白色无可替代的魅力呼之欲出！

正确的搭配

白色纯度高、能放大暖色的属性决定了它与饱和度极高的大红色相搭时，能让彼此的纯度与亮度发挥到最大值。

错误的搭配

饱和度较低的粉色与白色相搭是非常挑战肤色的搭配，偏黑肌肤穿着大面积的浅色会让肤色更显浑浊。

白色搭配准则
令人清新的白色与同色系单品相搭也不会显得突兀，深浅不一的色调为整体造型增添层次感，是森系少女不可错过的穿搭！

裸色甲油与纯净穿搭相融合

　　裸色色调灵感来源于感性的嘴唇与脸庞，与身体和皮肤的颜色很接近，轻薄的半透明透明质感在约会、职场和正式场合都能使用，容易让甲面显得干净整洁，既烘托出一种优雅得体的气质，又表现出一种含蓄的感性魅力。

正确的搭配

　　干净轻盈的白色与樱花粉让裸色的质感更突出，女人专属的知性甜美度也迅猛UP。

错误的搭配

　　色调跨度较大的棕色会让轻薄的裸色徒增厚重压抑之感，让肤色更显暗沉。

裸色搭配准则

　　裸色是一种百搭的甲色，用经典黑白彰显优雅效果是值得信赖的搭配，但应避免与浑浊色系或荧光色相搭，塑造干净轻盈的造型才能与裸色的气质相吻合。

青灰色甲油为暗色穿搭沉淀质感

　　高雅而不夸张，柔和而不过于凝重的青灰色能给人高档的质感。不像黑色与白色那样会明显影响其他的色彩，低调儒雅的青灰能穿出个性中的谦和，与简约时尚的服饰相搭配，让人显得气质非常高雅和摩登。

正确的搭配

　　黑白灰的循序渐进尽显洗练形象，比跳脱鲜艳的黑白配更自成一格。

错误的搭配

　　与灰色色阶跨度较大的荧光黄与灰色相搭，强烈的明差感会让灰色显得十分廉价。

青灰色搭配准则

　　青灰色相比普通灰色更有质感，但与跳跃性极强的色系搭配时会造成邋遢不干净的错觉。青灰色可变性很强，不同深浅度的青灰色能打造极富层次感的达人穿搭。

黑色甲油将红色穿搭创造个性

　　作为风行百年的主流中性色，黑色的组合适应性极广，无论什么色彩，即使是鲜艳的纯色与其相配，也能取得赏心悦目的良好效果，但是不能大面积使用，否则不但其魅力大大减弱，还会产生压抑、阴沉的恐怖感。

正确的搭配

　　红黑配是时尚界最毋庸置疑的主角级装扮，完美演绎高贵女神范儿。

错误的搭配

　　大面积的深色给人一种难以呼吸的压抑感，让整体造型显得沉重老成。

黑色搭配准则

　　不要一次让超过三种颜色和黑色搭配，否则黑色的突出烘托作用则无法体现。黑色与粉红、淡蓝等柔和颜色放在一起时，将失去强烈的收缩效果而变得缺乏个性。

蓝色甲油为白色穿搭提高亮度

　　不同明度的蓝色会给人不同的视觉感受，浅蓝色系明朗而富有青春朝气，深蓝色系深邃而大气沉稳，而宝蓝是一种稳重和活力并重的百搭色彩，神秘并富有贵族气息的宝石蓝色调总是能安静地吸睛，明亮度极高的特质能让肤色摆脱黄色的暗陈，拥有白皙光彩。

正确的搭配

　　高纯度的白色适度化解了宝蓝的锐度，为宝蓝的深邃注入了柔和感。

错误的搭配

　　明度与色调都偏黯沉的橄榄绿与黑色相搭掩盖了宝蓝色纯净鲜亮的特质。

蓝色搭配准则

　　蓝色纯度高，不适合搭配混沌的颜色。宝蓝比天蓝更稳重、锐意，更适合搭配纯度较高，又具有理性色感的颜色，例如纯灰、纯白，让宝蓝色的存在感更强。

绿色甲油为彩色穿搭增添张力

　　绿色继承了蓝色所具备的平静的属性，也吸收了一些黄色的活力，诠释着自由和平、新鲜舒适与无限生命力，是一种高调和低调全凭把控的双属性色彩。绿色的搭配难度比较高，在搭配时更要遵循必要的搭配原则。

正确的搭配

　　白色让绿色的张力更突显，红、橙、黄的点缀为全身造型注入朝气与活力。

错误的搭配

　　同为冷色的绿蓝是相搭配的禁忌，深蓝的暗沉让绿色的活力无法显现。

绿色搭配准则

　　清新绿色带着欣欣向荣、健康的气息，配上少许的红色即能创造出一股生命力。但要注意不要和宝蓝、紫色、褐色相搭，否则会给人不伦不类的感觉。

红色甲油将黑色穿法衬托高贵

　　红色历来是我国传统的喜庆色彩，象征着热情、性感、权威、自信，是个能量充沛的颜色。当你想要在大型场合中展现自信与权威，在重要典礼中展现不俗的品位与地位，让红色美甲助你一臂之力。

正确的搭配

　　饱和度极高的红色调在黑色的衬托中非常显眼，给人一种力度和高端的感受。

错误的搭配

　　纯度偏低的红棕色与本身纯度极高的正红搭配，会产生一种混沌杂乱的庸俗感。

红色搭配准则

　　令暗沉保守的黑灰更显个性、令其他亮色更鲜明的色彩特质，让红色能担当起有力色彩组合的主角，但要注意纯度高、饱和度鲜明的色彩才能和红色和谐共处。

酒红色甲油令黑色穿搭提升优雅

　　带着浓浓的复古气息，红和棕的巧妙配比，兼顾秋冬的优雅和红色特有的活力，酒红色一直都是各路明星竞相追捧的色彩元素。尽管时尚变迁的如此之快，演绎万种风情的酒红同样可以作为经典的代名词。

正确的搭配

　　黑色的气质兼顾酒红的优雅，别致的图纹打破沉闷并与指尖的色泽相呼应。

错误的搭配

　　明快的天蓝和具有狂野性格的图纹与酒红优雅内敛的气质相悖，产生令人不悦的违和感。

BEST

Worst

酒红色搭配准则

　　因为酒红色本身的复古感觉，最适合搭配的是复古色系的海军蓝、森林绿等服饰，它和针织及毛呢面料也非常协调，丝质衬衫与裙子也能完美呼应酒红色的光泽。

粉色甲油为碎花穿搭注入少女活力

含白的高明度粉红色，象征温柔、甜美、浪漫，没有压力，可以软化攻击、安抚浮躁，总是能俘获少女们的芳心，几乎成为女性的专有色彩。粉色能有效提升肤色中的红润度，是皮肤白皙的女孩们展现俏皮与甜美的不二选择。

正确的搭配

轻快的蓝色为粉色注入了明朗活泼，全身轻盈的穿搭让粉色美甲成为抢眼的主角。

错误的搭配

厚重的驼色、红棕色与粉色的特质极为不符，色调跨度悬殊的两种色彩是搭配禁忌。

粉色搭配准则

粉色与色度较低的紫色、蓝色搭配起来，能有效地中和粉色的甜腻，给人活泼俏皮之感。尝试用条纹、圆点的形式来呈现粉色的表现力是升级穿搭术！

玫红色甲油让宝蓝色穿搭更抢眼

玫红色不同于粉色的甜美柔和，高色调的特质使它更多了几分明媚与耀眼，是具有活力与朝气的暖色，存在感极强，一出场便能轻松成为主角。或活泼可爱或妩媚动人，玫红色都能毫不费力地演绎出时尚感。

正确的搭配

白色下装的过渡让蓝色与玫红也能和谐共存并且让彼此的明亮特质更突出。

错误的搭配

同为暖色的红色与玫红相搭，饱和度和色度都偏高的特质会产生俗气、刺眼的不良效果。

玫红色搭配准则

玫红色要避免和其他暖色大面积互配，高明度且具有相似成分的搭配会让整体造型轻重失衡而给人一种媚俗感，给它低调的冷色更突显玫红色的张力和感染力。

紫色甲油为冰淇淋色穿搭突显格调

紫色有着类似太空、宇宙色彩的幽雅、神秘时代感，又象征着女性的高贵典雅。深紫色给人一种富有和奢华的感受，浅紫色则更多给人一种春日的气息与浪漫。浅紫色融合了红色与蓝色，比起粉色较精致，也较刚硬，优雅的格调呼之欲出。

正确的搭配

适量白色与粉色的加入让神秘且摩登的紫色趋于纯净与柔和。

错误的搭配

高饱和度的红橙色搭配柔和的浅紫色会降低明亮度，也让浅紫色变得毫无生机。

紫色搭配准则

紫色是排外性非常强的颜色，对带有棕色成分的颜色非常敏感，也不能用同样特质的颜色与之配合，选择包容性较强的黑、灰、白等颜色才能和紫色和谐相处。

黄色甲油令橘色穿搭更显活力

黄色代表带给万物生机的太阳、活力和永恒的动感，是所有色相中明度最高的色彩。鲜黄色被认为是最明亮、最具活力的暖色，可以增添快乐和愉悦感觉。身处在黄色或它的任何一个明色的环境，几乎是不会感到沮丧的。

正确的搭配

黄色令橙色更显活力并且迅速提升肌肤白皙度，明亮感造型即刻达成！

错误的搭配

黄蓝是相反色，含有黑色成分较多的墨蓝色会让黄色看起来很突兀、邋遢。

黄色搭配准则

黄色是一种会带来光线的提升型暖色，可以用其他稍暗的柔和色配合，别用太多高亮度、高饱和、跨度大的颜色之于搭配，否则会让全身造型像个刺眼的彩灯。

橘色甲油为白色穿搭增加活跃质感

橘色与红色同属暖色，具有红与黄之间的色性，如火焰与霞光般，是最温暖、响亮的色彩。橘色同时具备温暖和提亮的色彩特质，但是并不像红色那样咄咄逼人。它充满活力，创造出的活跃气氛没有危险的感觉。

正确的搭配

白色的加入增加了橘色的光亮特质，产生出格外亮眼的全盘效果。

错误的搭配

橘色本身是由红色和黄色调成的，和其他高饱和暖色的搭配容易显得混沌杂乱，让人眼花缭乱。

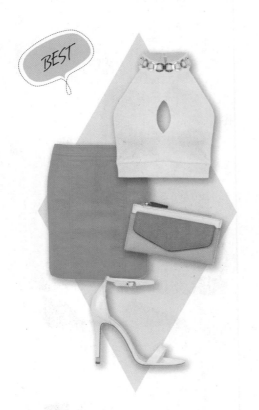

橘色搭配准则

同属一个色系且饱和度与亮度更高的红色会掩盖橙色的明亮特质。

咖啡色甲油加卡其色穿着衬托摩登感

　　咖啡色是含一定灰色的中、低明度的色彩，不太强烈，是同时具有文艺性和金属性的双属性中性色。无论休闲还是正式场合，咖啡色无所不能，但搭配不当会产生沉闷、单调、老气、缺乏活力的感觉。

正确的搭配

　　带有强烈设计感的卡其色单品激发咖啡色的金属性，同色系也能搭出不一样的腔调。

错误的搭配

　　亮度过高的柠檬黄让咖啡色的灰度对比更鲜明，给人一种强烈明度差的视觉紧张。

咖啡色搭配准则

　　肤色偏暗适合偏红咖色，白皙肤色更适合偏棕咖色。咖啡色的亲和性特质使它搭配性很高，不妨试试与金属色相搭吧！让咖啡色也能演绎出潮味十足的摩登主义。

金色甲油为黑色穿搭赋予高贵气质

　　金色，有别的任何色彩都无法替代的贵气与华丽，爱它无以伦比的表现力，爱它的高贵与充满想象，同时又因为它个性张扬、难以驾驭让人不敢尝试。多了难免感觉媚俗，少了又难以显贵，对金色拿捏有度才能彰显金色的质感与档次。

正确的搭配

　　黑色的基调平衡了金色的浓烈，金色的点缀为全身造型增添高订时装的质感。

错误的搭配

　　明度极高的黄色掩盖了带有明亮特质的金色光泽，给人一种媚俗感。

金色搭配准则

　　带有光泽度的特质让金色在与其他颜色搭配时担当着高明度突出的作用，加入一定比例的黑色和亮度较低的亚光金色，会让金色更时尚有质感。

银色甲油让白色穿搭展现个性

　　银色总是凝聚着科技感和未来感，是一种强势、摩登的颜色，能令穿着的人显得摩登、富有主见，是一种很有表达欲望的色彩。从色彩到轮廓，用线条构造空间美感，让银色更有存在感，打造线条与色彩的酷范儿！

正确的搭配

　　用高纯度的中间色更能衬托银色的光泽，棱角分明的线条让银色未来感十足。

错误的搭配

　　将金属色运用于全身会产生让人晕眩的杂乱感，而非炫目的时尚感。

银色搭配准则
　　银色在全身造型上小面积的点缀，能起到画龙点睛的作用。过多大面积的使用则会显得浮华而失去稳重感。